国家示范性高等职业院校优质核心课程改革教材

建筑工程施工中常见问题解决

主　编　王　替
主　审　李全怀

人民交通出版社

内 容 提 要

本书是国家示范性高等职业院校优质核心课程改革教材,选取一个真实工程项目为贯穿项目,按项目工作程序设计了8个学习情境,分别为:基坑开挖、大型模板施工、钢筋施工、大体积混凝土施工、防水保温施工、施工测量以及高空作业安全控制,土建和安装施工协调,共14个工作任务。此外,还有贯穿项目的6个附件。

本书是建筑工程技术专业高职毕业生就业后第二个5年所从事的主要工作内容,也可供相关行业专业技术人员参考使用。

图书在版编目(CIP)数据

建筑工程施工中常见问题解决/王嚭主编.—北京:
人民交通出版社,2011.1
ISBN 978-7-114-08833-9

I.①建… II.①王… III.①建筑工程—工程施工—
高等学校—教材 IV.①TU7

中国版本图书馆 CIP 数据核字(2010)第 264323 号

书　名:	国家示范性高等职业院校优质核心课程改革教材 建筑工程施工中常见问题解决
著 作 者:	王　嚭
责任编辑:	戴慧莉
出版发行:	人民交通出版社
地　　址:	(100011) 北京市朝阳区安定门外外馆斜街 3 号
网　　址:	http://www.ccpress.com.cn
销售电话:	(010) 59757969,59757973
总 经 销:	人民交通出版社发行部
经　　销:	各地新华书店
印　　刷:	北京市密东印刷有限公司
开　　本:	787×1092　1/16
印　　张:	10.5
字　　数:	248 千
版　　次:	2011 年 2 月　第 1 版
印　　次:	2011 年 2 月　第 1 次印刷
书　　号:	ISBN 978-7-114- 08833-9
定　　价:	26.00 元

(如有印刷、装订质量问题的图书由本社负责调换)

四川交通职业技术学院
优质核心课程改革教材编审委员会

序 *Xu*

为贯彻教育部、财政部《关于实施国家示范性高等职业院校建设计划,加快高等职业教育改革与发展的意见》(教高【2006】14 号)和《关于全面提高高等职业教育教学质量的若干意见》(教高【2006】16 号)精神,作为国家示范性高等职业院校建设单位,我院从 2007 年开始组织探索如何设计开发既能体现职业教育类型特点,又能满足高等教育层次需求的专业课程体系和教学方法。三年来,我们先后邀请了多名国内外职业教育专家,组织进行了现代职业技术教育理论系统学习和职业技术教育课程开发方法系统的培训;在课程开发专家团队指导下,按照"行业分析,典型工作任务,行动领域,学习领域"的开发思路,以职业分析为依据,以培养职业行动能力为核心,对传统的学科式专业课程进行解构和重构,形成了以学习领域课程结构为特征的专业核心课程体系;与企业专业技术人员共同组成课程开发团队,按照企业全程参与的建设模式、基于工作过程系统化的建设思路,完成了 10 个重点建设专业(4 个为中央财政支持的重点建设专业)核心课程的学材、电子资源、试题库、网络课程和生产问题资源库等内容的建设和完善,在课程建设方面取得了丰厚的成果。

对示范院校建设工程而言,重点专业建设是龙头;在专业建设项目中,课程建设是关键。职业教育的课程改革是一项长期艰苦的工作,它不是片面的课程内容的解构和重构,必须以人才培养模式创新为核心,实训条件的改善、实训项目的开发、教学方法的变革、双师结构教师团队的建设等一系列条件为支撑。三年来,我们以课程改革为抓手,力图实现全面的建设和提升;在推动课程改革中秉承"片面地借鉴,不如全面地学习",全面地学习和借鉴,认真地研究和实践;始终追求如何在课程建设方面做出中国特色,做出四川特色,做出交通特色。

历经 1 000 多个日日夜夜的辛劳,面对包含了我们教师团队心血,即将破茧的课程建设成果的陆续出版,感到几分欣慰;面对国际日益激烈的经济的竞争,面对我国交通现代化建设的巨大需求,感到肩上的压力倍增。路漫漫其修远兮,吾将上下而求索! 希望更多的人来加入我们这个团结、奋进、开拓、进取的团队,取得更多更好的成果。

在这些教材的编写过程中,相关企业的专家给予了很多的支持与帮助,在此谨表示衷心的感谢!

四川交通职业技术学院院长

前　言

建筑工程施工技术内容繁多，学生在校期间，在有限的学习时间和实践条件的限制下，如何掌握常见建筑工程施工方法，为今后完成实际工作任务奠定基础，是一个长期困扰教师的教学问题。编者认为，应在有限的时间了解掌握建筑施工中常见的、容易产生质量和安全问题的工作内容和解决这些问题的工作方法，从而以施工方案编制的形式训练学生发现问题、分析问题、解决问题的能力，以适应工作岗位的技能要求。这些内容是建筑工程技术专业高职毕业生就业后从事的主要工作，是走上技术负责、责任工长等岗位的管理内容之一，对学生职业能力培养和职业素养养成起主要支撑或明显促进作用。通过对生产一线施工员、质检员、资料员、监理员、安全员等岗位工作的调查分析，我们遵循学生职业能力培养的基本规律，以真实工作任务及其工作过程为依据，整合教学内容，编写了《建筑工程施工中常见问题解决》这门课程的学生用书。

本学材选取一个真实工程项目为贯穿项目，按项目工作程序设计了 8 个学习情境，共 14 个工作任务。训练学生分析问题的思路和解决问题的能力。第一个情境是基坑开挖，设置 2 个工作任务，学生应根据项目的实际情况和施工要求，分析基坑开挖应重点注意的问题，进行基坑开挖施工方案制订，准备工作资料，解决基坑施工中常见问题；第二个情境是大型模板施工，设置 2 个工作任务，通过本情境的学习，学生能熟练掌握大型模板施工工作要点，同时完成施工方案的编制、资料记录整理；第三个情境是钢筋施工，设置 2 个工作任务，通过本情境的学习，学生能依据项目资料，对钢筋焊接和定位工作有所了解，制订相关方案，按照工作程序处理现场问题；第四个情境是大体积混凝土施工，设置 2 个工作任务，通过本情境的学习，学生能熟练掌握大体积混凝土施工工作要点，提出解决问题的施工方案；第五个情境是防水保温施工，设置 3 个工作任务，通过本情境的学习，学生能熟练掌握防水保温施工工作要点，了解保温防水工作的重要性，同时完成施工方案的编制；第六个情境是施工测量，设置 1 个工作任务，通过本情境的学习，学生能熟练掌握施工测量工作要点，掌握施工测量的关键工作内容，资料记录整理；第七个情境是高空作业安全控制，设置 1 个工作任务，通过本情境的学习，学生能熟练掌握施工安全控制工作要点，提高解决施工安全问题的能力；第八个情境是土建和安装施工协调，设置 1 个工作任务，通过本情境的学习，学生能认识到土建和安装施工协调工作重要性，培养施工协调管理的意识，该情境更强调所学知识的综合运用和协调沟通。本书每个学习任务都附有参考案例，此外，本学材还有贯穿项目的 6 个附件，便于学生系统学习。学习本课程后，学生应具备施工员、质检员、资料员、监理员、安全员应具有的部分岗位能力。

本学材由四川交通职业技术学院王替担任主编，由中国路桥工程有限责任公司高级

1

工程师、副总经理李全怀担任主审。在编写过程中，得到了成都建工集团崔志荣高工、成都托普房地产开发有限公司邹驰高工、成都市兴蓉投资有限公司冯雯高工的大力支持和帮助，在此表示衷心的感谢。

由于编写时间仓促和经验不足，该学材如有不足之处，敬请大家批评指正。

编　者

2010 年 10 月

目　　录

学习情境一　基坑开挖

任务一　基坑钎探

一、任务描述

现有某住宅楼施工项目,施工项目基坑已开挖,基础施工前要进行基坑钎探工作,以便确定该基础施工方案是否可行,作为该工作参加人员,该进行哪些工作。任务前提:(1)基坑已开挖;(2)施工项目的情况已提供;(3)地基基础工程相关知识技能已具备;(4)按工作小组进行任务分工;(5)规定该项工作开始和完成的时间;(6)完成任务需要的设施、资料等。

参见附件一:某住宅楼施工项目工程概况。

二、学习目标

通过本学习任务的学习,你应当能:

(1)描述建筑工程施工基坑钎探的工作内容;

(2)编制基坑钎探方案,判断该施工项目是否符合规范要求;

(3)按照正确的方法和途径,收集整理基坑钎探所需资料;

(4)按照基坑钎探的要求和工作时间限定,准备基坑钎探资料和设备;

(5)按照单位施工项目管理流程,完成对基坑钎探方案的报批。

三、内容结构

按照基坑开挖工作的内容和要求,结合本项目的实际情况,基坑开挖工作内容见图1-1。

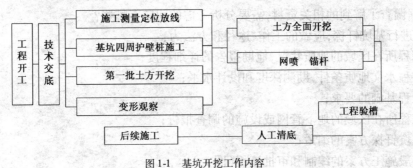

图1-1　基坑开挖工作内容

四、任务实施

(一)项目引入

任务开始时,由老师介绍该项目施工的相关资料,详见附件一、附件二、附件三。学生了解本次任务需要解决的问题。基坑现场情况见图1-2。

图1-2 基坑现场情况图

（二）学习准备

引导问题 根据所给资料,完成任务需要哪些方面的知识?

1.地基开挖有哪些要求?钎探工作的内容和重要性是什么?

结合前期所学地基基础的有关知识和训练,归纳资料收集渠道,梳理出符合项目情况的信息,列出信息清单。

提示:主要依据项目实际情况、地质勘探报告、基础施工方案等资料。

2.查阅资料,回答下列问题:

(1)简述钎探工作所需信息的了解和判断方式。其各自的特点是什么?

提示:查阅地质勘察报告、现场勘查和调查等资料(注意信息资料的有效性等)。

执行规范:建筑地基基础工程施工质量验收规范(GB 50202—2002)。

(2)地质勘察报告的构成和用途是什么?结合项目基坑类型,了解基坑钎探的任务和要求。

提示:按照项目部的机构构成,各部分资料由不同部门提供或准备。

3.根据调查了解到的相关资料,需要分析考虑的问题有哪些?

提示:进行基坑钎探,应做的工作、途径和方法为:

(1)工程所在区域的地质状况,地勘报告的详细程度;

(2)工程水文地质条件,勘测深度和设计水平;

(3)工程基础的要求;

(4)工程所在区域的地下管网或设施的调查报告;

(5)基坑钎探方案的编写;

(6)一般施工方案的编制和审批流程(图1-3)。

4.参照以上工作内容,参与基坑钎探工作应如何进行?

(1)首先了解基坑钎探前需准备的资料,进行资料分析。

提示:

①钎探前应准备的资料有哪些?

②基坑钎探方案编写工作要求是什么?

③基坑钎探方案的内容是什么?

（2）如何进行钎探工作开始前的准备？

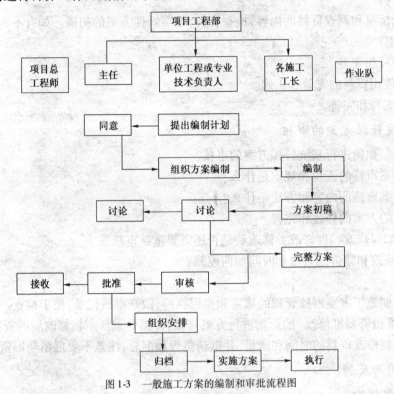

图1-3　一般施工方案的编制和审批流程图

（三）基坑钎探工作的准备

引导问题1　基坑钎探方案如何编制？

1.基坑钎探方案有哪些内容？

2.方案编写中,最主要的三部分是什么？

3.根据所给项目资料,请你阐述基坑钎探方案的编写要点并说明原因。

4.你的基坑钎探方案编写方法是什么？请说明你选择该方法的原因。

5.基坑钎探后,应得出的结论有哪些？

目的:巩固加强地基基础部分的所学知识。

引导问题2　各钎探点的钎探深度如何确定？

1.检查此次准备的钎探工作所需资料是否齐全(表1-1)

资料准备情况检查表　　　　　　　　　　　　　　　　表1-1

资 料 清 单	完 成 时 间	责 任 人	任务完成则划"√"
			☐
			☐
			☐
			☐
			☐
			☐
			☐

2.资料分析

依据实际情况和调查资料的内容,检查资料,编写钎探方案的初稿。如有不满足要求的资料,应如何处理?

3.方案编写和完善

(1)确保使用资料的完善和正确。

(2)方案编写和完善。

（四）基坑钎探方案的审核

引导问题 如何进行基坑钎探方案的审核?

1.施工方案审核的流程和规定是什么?

2.施工方案审核的内容和方法是什么?

3.不正确的方案的修改和完善。

(1)方案如何修改?谁修改?修改后是否还需要重新审核?

(2)方案修改和完善的质量和时间如何控制?

提示:

①严格依照施工方案审核管理的规定和流程执行,做好审核记录,便于检查。

②按照"谁做资料谁修改"的原则进行方案修改,并需要重新审核修改后的资料。

③严格控制修改资料的时间和质量,并重新整理和汇总,注意不要混淆新旧资料。

（五）评价与反馈

1.学生自我评价。

(1)此次基坑钎探方案是否符合基坑开挖的要求?若不符合,请列出原因和存在的问题,并提出相应的解决方法。

(2)你认为还需加强哪些方面的指导(从实际工作过程及理论知识两方面考虑)?

2.学习工作过程评价(表1-2)。

任 务 评 分 表 表1-2

考 核 项 目	分 数			学生自评	小组互评	教师评价	小 计
	合格	良	优				
是否具备团队合作精神	1	3	5				
资料收集及判断是否符合要求	6	8	10				
总 计	7	11	15				
教师签字:				年 月 日		得分	

参考案例:

江南别院 2 号楼
筏板基坑钎探方案

应业主、设计院和地勘单位要求,对江南别院2号楼筏板基坑底部进行验槽前的钎探,以辅助探明基坑底部15000mm范围内土质的真实情况。特编制本钎探方案。

一、钎探点布置

筏板基础基坑按5m×5m网格布点。

二、操作工具

钢钎采用 φ25 钢筋制作，长 2 000mm；铁锤采用 2 磅大锤。

三、操作要求

1. 各钎探点钎探总深度为 15 000mm 左右。

2. 钢钎按每 100mm 分段（用粉笔作记号），记录每段锤击次数。

3. 铁锤举高 700～800mm，稍用劲、均匀击打钢钎即可。

四、钎探记录

1. 将每个钎探点进行编号。

2. 将每一钎探点各段的锤击次数记录下来。

3. 将记录汇总、整理形成书面资料。

4. 资料交由勘察、设计、监理以及建设单位签字认可，并归档。

五、质量要求

1. 钎探时 15 000mm 的钢钎要放垂直，锤击高度要一致，锤击力度要均匀。

2. 当 15 000mm 钢钎最后 10 击只有 2～3 下就钎击下去时，必须在同一位置换一根 25 000mm，φ25 的钢筋重新钎探，直至探明基底土质情况为止。

3. 如有与设计基础地基承载力不符的土质，请设计和地质勘察单位出具地基加固方案，然后按加固方案施工。

六、安全注意事项

1. 钎探时击锤的人要注意不要击到扶钎杆人的手，以免受伤。

2. 钎探前击锤人要检查锤砣是否安装牢固，以免锤击时松动的锤砣掉下伤人。

3. 钎探时记录人和其他的人员要离击锤人一定的距离，以免击锤时伤人。

七、对场内原有地下管网的保护

小区内原有地下管网贯穿在围墙以内的施工道路范围内，而该施工道路承担着重车的进出，若不采取保护措施会对地下管网造成破坏，从而影响整个管网使用，故采取以下措施：

1. 查明地下管网的位置，划分区域，使车辆行驶时尽量避让。

2. 在管网位置地面上方加设 φ16@300 钢筋网，再在上方进行路面硬化，防止路面下沉时破坏管网。

八、水、电线路设施的保护

1. 施工用水引用城市自来水管网，为节约用水，进入现场的总水管处安设水表，对施工用水进行计量，并派专人对水表及供水管进行保护。

2. 施工用电采用从业主的下杆线处设立配电柜引入，接合时严格按用电规程，防止不规范操作对业主的总配电柜产生破坏。

任务二 基坑开挖

一、任务描述

现有某住宅楼施工项目，施工项目部准备开始基坑开挖施工，施工前要编写基坑开挖方案，以便该基坑开挖工作的顺利实施，施工时应注意的问题是什么。作为该工作参加人员，该进行哪些工作。任务前提:(1)施工准备工作已完成;(2)开挖施工方案已编写和审批;(3)地基基础工程相关知识技能已具备;(4)按工作小组进行任务分工;(5)规定该项工作开始和完成的时间;(6)完成任务需要的设施、资料等。

参见附件一:某住宅楼施工项目工程概况。

二、学习目标

通过本学习任务的学习,你应当能:

(1)描述建筑工程基坑开挖施工的工作内容;

(2)结合当地和当时的水文气象条件,编制基坑开挖方案,判断该施工方案是否符合规范要求;

(3)按照正确的方法和途径,判断地基类型,收集整理所需资料;

(4)按照基坑开挖的要求和工作时间限定,准备基坑开挖资料和设备;

(5)按照单位施工项目管理流程,完成对基坑开挖方案的报批;

(6)注意隐蔽工程施工资料的完善。

三、内容结构

按照基坑开挖工作的内容和要求,结合本项目的实际情况,基坑开挖所需工作内容见图1-1。

四、任务实施

(一)项目引入

任务开始时,由老师介绍该项目施工的相关资料,详见附件一、附件二、附件三。学生了解本次任务需要解决的问题(图1-4)。

图1-4 基坑开挖现场图

(二)学习准备

引导问题 根据所给工程项目资料,完成任务需要哪些方面的知识?

1. 开挖资料收集渠道有哪些?

结合前期所学地基基础工程的有关知识和训练,归纳开挖资料收集渠道,梳理出符合项目情况的信息,列出资料清单。

提示:主要依据有关技术标准规范、企业施工管理流程、项目实际情况等资料。

2. 查阅资料,回答下列问题:

(1)基坑开挖中需要重点注意的问题是什么? 其工作流程是什么?

提示:查阅技术规范、开挖方案、基坑护壁施工方案等资料;注意信息资料的有效性。

图 1-5 所示流程是否正确? 如不正确,请修改。

(2)技术规范有哪些? 基坑开挖方案的内容是什么? 参见图 1-6。

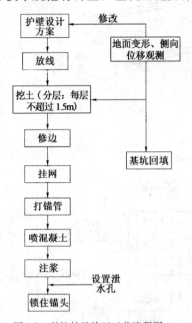

图 1-5 基坑护壁施工工艺流程图

图 1-6 基坑护壁施工现场图

提示 1:规范的有效性,设计的要求、开挖方案等资料。

参考规范如下:

建筑基坑支护技术规程(JGJ 120—99);

基坑土钉支护技术规程(CECS96:97);

锚杆喷射混凝土支护技术规范(GB 50086—2001);

工程岩土勘察报告;

建筑地基基础工程施工质量验收规范(GB 50202—2002);

建筑基坑支护技术规程(DB11/489—2007);

建筑边坡工程技术规范(GB 50330—2002);

建筑与市政降水工程技术规范(JGJ/T 111—98);

锚杆喷射混凝土支护技术规范(GB 50086—2001);

建筑地基基础工程施工质量验收规范(GB 50202—2002)等。

提示 2:基坑开挖总体施工顺序:

施工准备→测量放线→清障→挖运 2m 表层土方→挖到设计深度→人工捡底、机械吊运→完工。

3. 根据地质勘察资料和设计要求,基坑护壁施工需要分析考虑的问题有哪些?

提示 1:参考图 1-7、图 1-8、图 1-9、图 1-10。

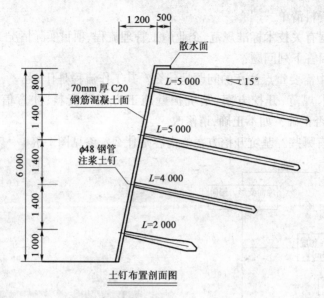

土钉布置剖面图

图1-7 基坑护壁施工图一(尺寸单位:mm)

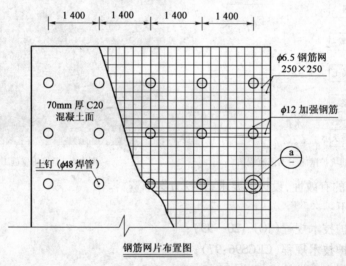

钢筋网片布置图

图1-8 基坑护壁施工图二(尺寸单位:mm)

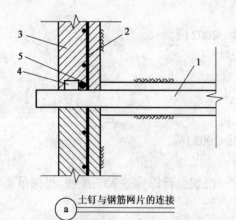

土钉与钢筋网片的连接

图1-9 基坑护壁施工图三(尺寸单位:mm)
1-土钉;2-钢筋网;3-喷射混凝土面层;4-绑条;5-φ12加强筋

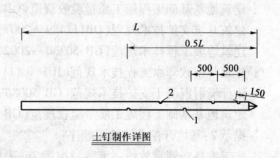

土钉制作详图

图1-10 基坑护壁施工图四(尺寸单位:mm)
1-倒刺;2-φ8出浆孔

提示2:基坑护壁失稳处理的救援措施。参见本任务参考案例第八项中的救援措施。

4. 参照以上工作内容,基坑开挖工作应如何进行?

5. 查阅资料,回答下列问题:

(1)基坑开挖的方案包括哪些内容?

(2)基坑开挖机械设备如何选择?

(3)基坑口的安全防护方法是什么?

(4)基坑开挖方案如何审批?

(三)基坑开挖施工的质量控制

引导问题 基坑开挖施工质量控制如何进行?

1. 基坑开挖施工质量控制的工作流程是什么?

2. 基坑开挖施工质量控制的主要内容是什么?

3. 根据所给施工项目资料,阐述基坑开挖施工质量保障措施。

4. 降排水施工对基坑开挖的影响是什么?

(四)基坑开挖施工的安全控制

引导问题 如何进行基坑开挖施工的安全控制?

1. 安全控制方案资料准备。

检查此次需准备的资料是否有效、齐全(表1-3)。

2. 开挖施工安全控制措施。

依据实际情况和技术规范的要求,首先对照技术规范和设计要求编制安全控制措施,然后进行审核,如有不完善的情况,应如何处理?

资料准备情况检查表   表1-3

资 料 清 单	完 成 时 间	责 任 人	任务完成则划"√"
			□
			□
			□
			□
			□
			□
			□

3. 进行安全交底。

(1)首先确保交底资料的完善和正确,完善的标准是什么? 正确的标准是什么?

提示:

①安全措施全面准确,施工风险分析考虑周全;

②安全保障体系健全;

③完全符合安全规定的所有要求;

④符合本项目和本单位的实际情况等。

(2)安全措施的检查和执行。

（五）安全措施的审核批准

引导问题 如何进行安全措施的审核？

1. 审核的流程和规定。

2. 审核的内容和方法。

3. 不正确的措施的修改和完善。

（1）安全措施如何修改？由谁修改？修改后是否还需要重新审核？

（2）安全措施修改和完善的工作质量和工作时间如何控制？

提示：

①严格依照安全管理的规定和流程执行，做好审核记录，便于检查。

②按照谁做资料由谁修改的原则进行修改，并需要重新审核。

③严格控制修改资料的时间和质量，并重新整理和汇总，注意不要混淆新旧资料。

（六）评价与反馈

1. 学生自我评价。

（1）此次基坑开挖工作掌握的情况如何？若不理想，请列出原因和存在的问题，并提出相应的解决方法。

（2）你认为还需加强哪些方面的指导（从实际工作过程及理论知识两方面考虑）？

2. 学习工作过程评价（表1-4）。

任务评分表   表1-4

考核项目	分数			学生自评	小组互评	教师评价	小计
	合格	良	优				
地基基础施工知识掌握程度	1	3	5				
资料收集及方案编制是否符合要求	6	8	10				
总　计	7	11	15				
教师签字：				年　月　日		得分	

参考案例：

江南别院2号住宅工程
土方开挖方案

一、工程概况

江南别院住宅工程位于江南市江南区，东邻江北大道，北靠2000亩的江南市政公园，西面是40m宽的规划道路，是目前该区范围内屈指可数的高档舍区之一。

该工程为全剪力墙结构，建筑安全等级为二级，七度设防，层数为22+1层，建筑总高69.0m，建筑面积为46 464m²。

该工程由于施工场地有限且开挖深度在自然地坪以下6m左右，故需做喷锚护壁，土方开挖至1.0～1.5m深时，开始做喷锚护壁，土方及喷锚护壁均按施工段的划分流水施工。避免人员、机具的窝工。

10

二、土方开挖施工方案

土方开挖分项工程的施工期约7天。

总体施工原则:高效保洁、文明施工、保证安全、分段分层作业、注重协调。

总体施工顺序:施工准备→测量放线→清障→挖运2m表层土方→挖到设计深度→人工捡底、机械吊运→完工。

1. 准备工作

(1)勘查现场,了解现场地形、水文地质、地下埋设物、地上障碍物、邻近建筑以及水、电供应、运输道路情况。

(2)施工前应进行道路硬化、道路出入口做好沉淀池、设置降水设施和排水沟,同时安装好冲洗车辆的水源和高压冲洗设备。

(3)由于土石方量大,应事先安排好弃土场。

(4)开挖前按要求探明地下管网、障碍物,制定处理措施。

(5)开挖过程中发现文物时,应及时汇报相关单位。

(6)采取以机械开挖,自卸汽车密闭运输的办法,要求工作人员尤其是工程技术人员和项目负责人在掌握相应施工规范的前提下熟悉设计图,形成整体概念。

土方开挖前,应正式进行放线工作。在放线之前,应检查经纬仪、大钢卷尺,符合计量精度后,才能使用。放线时,根据总平面图所给定的放线点和建设单位所指定的水准点进行放线,由建筑物引入主轴线的四大角应闭合。要打好各轴线间的控制桩和水平标高,并作好固定性标记,特别是开挖部位,纵横向控制桩要延伸至开挖以外的部位,并用混凝土进行固定。线放完后,请规划院、勘测院的同志到现场进行验线,并做好验收的记录及鉴证。

在土方开挖过程中,应注意保护市政设施管网等基础设施。

2. 土方开挖总体安排

该工程开挖深度6 000mm,故土方开挖量较大。应抓好现场的组织协调工作,使土方的施工工作有序进行。派专人指挥交通运输,避免造成交通堵塞。

3. 开挖方式

本工程基坑开挖深度约为6 000mm,开挖范围的土层为二类土,因此开挖方式采取机械开挖,轮式装载机和装卸汽车配合运土。

4. 机械的选用

挖掘机械采用反铲液压挖掘机三台,其型号为WY160,运土机械采用轮式装载机(ZL50)和若干土方装卸车辆(型号HLJS60,载重量10t),轮式装载机和装卸汽车的台数应根据卸土点远近按常规确定。下面为反铲液压挖掘机台数的确定。

本工程的土方开挖量约为20 000m³,工期安排为7天。因此,挖掘机台班产量约为816m³,挖掘机每一白天挖土可按2个台班计,由此挖掘机数量可由下式确定:

$$N = \frac{Q}{PTCK}$$

Q取20 000m³;$P = 1.2 \times 2 \times 8 \times 3\,600qk_1k_2/t = 1.2 \times 16 \times 3\,600 \times 0.9 \times 0.75 \times 0.7/40 = 816$m³/台班;$T$取7天;$C$取2班;$K$取0.85(工作时间的充盈率)。则

$$N = \frac{Q}{PTCK} = 20\,000/(816 \times 7 \times 2 \times 0.85) = 2.1 \text{ 台}$$

因此,N取3台。

故在工程土方开挖时,采用三台液压挖掘机,可满足工期要求。

5.劳动力组织

本工程基坑开挖范围内土为素填土、杂填土及黏性土,属二类土,工程土方挖至距基础底面约 150~300mm 左右时,须采用人工捡底,捡底总量约为 600m³ 左右,按施工总体安排,施工工期 7 天,与机械挖土穿插进行。按工程实际劳动力组织按两班轮番作业,则每班人数可由下式确定:

$$\eta = Q/(Tqt)$$

$Q = 600\mathrm{m}^3$;$T = 7$;$t = 2$;$q = 2.5$。则

$$\eta = Q/(Tqt) = 600/(7 \times 2.5 \times 2) = 18$$

即每班安排 18 人进行人工土方捡底,按两班考虑,共计 36 人进行土方的捡底工作即可满足工期要求。

此分项工程不占绝对工期,可与挖土工序同时进行。

若土方挖至设计标高后,局部发现细沙层或软弱下卧层,应继续向下挖,挖到设计要求持力层后,采用 C15 混凝土回填。

6.机械开挖的方法

机械开挖采取大面积开挖和坑上开挖相结合,同时对于开挖过程中的土层滞水采取明排,开挖至基坑部设计标高上 150~300mm 左右处停止开挖,待基坑验槽后再进行人工捡底。

基坑形成后根据已建立建筑物轴线控制网和高程控制桩将轴线、标高引测于坑内,并在轴线交汇处,用木桩标示于基底顶面层上,并在木桩顶钉上小钉作为标示,以此为依据测放出基础垫层外框线,作为人工捡底的依据,人工捡底采用锹镐进行开挖,开挖过程中应挖至基础设计标高。

7.土方的运输和堆放

由于场地内无土堆放地,故开挖的土方均外运,运距由施工前业主方指定堆放场地确定(也可根据现场实际情况调整)。

三、回填土施工方案

(1)土料选择:因场内无土方堆放地点,故回填土由场外运至施工现场。其回填土的质量应满足规范要求。

(2)填土前,应清除基坑内的积水和有机杂物,人工回填。

(3)应分层夯填,每填土 300mm 厚压实至 150mm,满足设计要求的压实系数,并取土测试压实系数。

四、降、排水措施

根据地质勘察报告的地质情况,结合施工时间,确定降水措施,主要考虑明抽降水所汇积于柱基、电梯基坑内的积水,施工时按实际情况采取相应措施。

基坑挖至基底标高后,为防止基坑积水,在基坑四角处各挖一个 500mm×500mm×800mm 的积水坑,积水坑用砌筑 120mm 厚砖,并在坑壁四周及底部用 1:2.5 水泥砂浆抹面。将基坑的明水排入积水坑后用抽水泵抽入地面的明沟内排出场外。

在开挖形成的基坑边沿,采用 C20 混凝土硬化,坡度向外,宽度 1.0m,以免雨水倒灌。在基坑周围设置警示灯。

五、工艺流程

工艺流程见图1-1。

六、质量保证措施

1.质量目标

质量检验项目一次性合格率100%,分项工程优良率85%以上。按照省、国家有关验评标准要求验收。

2.质量保证体系

质量保证制度、机构健全,建立项目岗位责任制和质量监督评议制度、检查验收制度,明确分工职责,落实施工质量控制责任,各岗位各负其责。质量保证机构见图1-11。

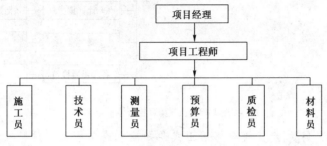

图1-11 质量保证机构图

3.质量保证措施(图1-12)。

质量保证能力由技术保证能力、项目管理能力、服务能力等构成,应有计划、有系统、有针对性地开展工作。

(1)专业施工保证。

公司拥有门类齐全的专业化施工机械,有符合规定要求的资质等级,相关人员配套,有丰富施工经验,为工程实现质量目标提供专业化技术手段。

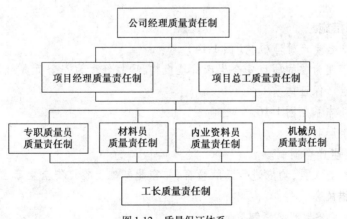

图1-12 质量保证体系

(2)劳务人员素质保证。

在本项目开工之初,我公司将对项目有关管理人员进行培训,对技术资料的管理、项目创优计划、质量检验计划、质量计划、环境管理计划的制订和实施进行指导。在项目施工过程中,及时核查本项目的质量情况,对项目质量进行考核。

公司拥有一套对施工队伍完整的管理、培训和考核制度,从根本上保证项目所需劳动者的素质,从而为实现工程质量目标奠定坚实的基础。

(3)严格执行"三检"制度(图1-13)。

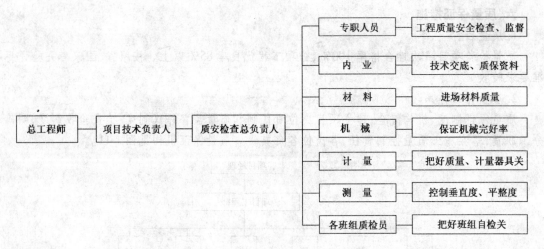

图1-13　质量监督检查体系

严格执行"三检"制度,经三检合格后正式通知业主或监理工程师验收,验收合格后才允许进入下一道工序。

(4)及时发现问题并采取纠正措施。

施工中若发现严重的质量问题,必须及时按规定逐级上报,严禁隐瞒不报或擅自处理。上级主管部门接到事故报告后,一方面制定纠正措施或方案交项目管理部门进行处理,另一方面对质量责任人进行处罚并同时追加质量教育工作。

(5)质量通病的预防措施。

土方开挖至设计标高后,应按规范核对地层尺寸。用水准仪对基底标高进行连续监控,避免超挖。

七、安全保障措施

1. 建立项目安全生产管理机构(图1-14)

建立以项目经理为首的项目安全生产管理机构,项目经理为安全负责人。见图1-15。

2. 建立安全生产保证体系

安全生产保证体系见图1-16。

3. 健全安全生产制度

(1)建立安全生产合同制。

凡进场施工作业人员,均应进行三级教育,并在此基础上签订安全生产合同以确定双方在安全生产的权利和义务。

(2)执行三级安全生产交底制度。

①重大安全技术措施或安全防护措施方案由项目经理向施工工长和安全员交底。

②施工工长除了将所接受的内容向班组长交底外,还应就分布分项工程的安全技术措施、安全验收标准、安全技术操作规程、安全防护要求等内容向班组长进行详细交底。

③班组长接受交底后,立即向班组工人交底,同时组织讨论保证关键部位和难点等处的安全问题的对策,并遵照执行。

4. 建立并执行安全生产检查制度

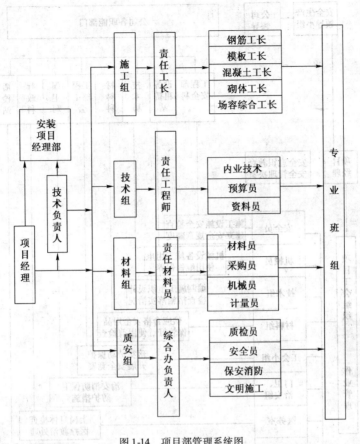

图 1-14　项目部管理系统图

由项目经理部每周组织一次由各施工单位安全生产负责人参加的联合检查,对检查中发现的事故隐患和违章现象,开出"隐患问题通知单",各施工小组在收到"隐患问题通知单"后,应根据具体情况,定时间、定人、定措施予以解决,项目经理部有关部门应监督落实和解决情况。若发现重大安全隐患,检查组有权下达停工指令,待隐患排除,并经检查组批准后方可施工。

5. 严格执行安全生产教育制度

抓好安全教育的五项工作:安全生产思想教育、安全知识教育、安全技能教育、事故教育和法制教育,提高全员安全意识和安全技能。

(1)做好所有进场的新工人入场三级教育,并做好新设备、新工艺的安全教育工作,对中途变换工种的工人还要追加安全教育。

(2)按照教育"只有开始,没有结束"的原则,以多种形式(如会议、经验交流等),做好安全教育工作。

(3)坚持"有教育、有考核"的原则,所有从事安全生产管理的技术人员和特殊工种操作人员都必须持证上岗。

6. 建立安全生产奖罚制度

把安全责任制落实到相关部门,定期组织安全生产大检查,并开展安全生产评比,对安全生产优良的班组和个人给予奖励,对于不注意安全的班组和个人给予批评,甚至经济处罚。

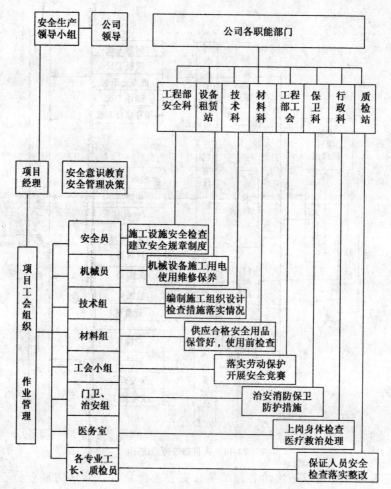

图 1-15　施工安全保证体系图

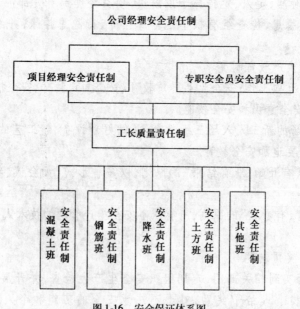

图 1-16　安全保证体系图

7.执行安全防护设施的验收制度

临时用电设施、大型施工机械等在施工或安装完毕后,组织有关人员检查,验收合格后方可使用,其程序见图1-17。

图1-17 临时用电设施等安全验收程序图

半月召开一次"安全生产"工作例会,总结前一阶段的安全生产情况,布置下一阶段的安全生产工作。

各作业班组在组织施工中,必须保证有本单位施工人员施工作业就必须有本单位领导在现场值班,不得空岗、失控。

严格执行施工现场安全生产管理的技术方案和措施,在执行中发现问题应及时向有关部门汇报。更改方案和措施时,应经原设计方案的技术主管部门领导审批签字后才能实施,否则任何人不得擅自更改方案和措施。

建立并坚决贯彻班前安全生产讲话制度。

8.主要预防及控制措施

(1)总体要求

①现场施工人员必须戴安全帽。

②严禁酒后及病中作业;严禁打架斗殴。

③基坑周边设置防护栏,人员上下设专用通道,基坑边沿2.0m范围内严禁车辆碾压及堆载。

④夜间照明有足够亮度,并悬挂警示牌。

⑤基坑上下,不得随意抛掷东西。

⑥施工现场配一名安全员负责各类设施的安全使用和监督规章制度的执行,各工序、工种有严格的书面安全技术交底。

(2)分部分项工程的分级施工技术交底必须有安全保证措施。

未经技术主管批准,不得擅自改变机械作业方式、脚手架搭设稳固方式,以保证安全。

施工现场、厨房、工房、库房应有有效的消防设施,现场义务消防人员必须经过培训,应能正确使用器材,现场严禁使用电炉。

建立用火管理制度,燃油应有足够的安全隔离空间和保管措施。施焊时防止回火,同时四周清除易燃物。

用电器具安全:电动工具配额定漏电电流不大于30mA,动作时间不大于0.1s的漏电开关保护,一切电气设备外壳都要有接零装置。

各类机具专人操作,杜绝违章作业。

八、安全事故应急预案

1.能发生的安全事故

（1）场地周边未设防护栏杆、未悬挂警示灯，防护有缺陷导致作业人员滑跌、碰撞、高处坠落；

（2）机具伤人；

（3）电源伤人；

（4）操作架未采取有效支撑措施，未执行方案，麻痹大意伤人；

（5）吊桶（吊篮）坠物伤人；

（6）孔壁围护体系失稳，垮塌伤人。

2．应急组织机构

领导小组组长由项目经理担任；副组长由责任工长担任；成员由管理人员、班组长担任。

3．需配备的器材

医疗器材：氧气袋、塑料袋、小药箱等；

抢救工具：一般工地常备工具；

照明器材：手电筒、应急灯、36V 以下的安全线路、灯具；

通信器材：电话、手机；

交通工具：常备一辆面包车；

灭火器材等：按要求就位。

4．应急知识培训

应急小组成员在项目安全教育时必须附带接受紧急救援培训。

培训内容：伤员急救常识、灭火器材使用常识、各类重大事故抢险常识等，使之在发生重大事故时能较熟练地履行抢救任务。

5．通信联络

公布应急救援领导小组成员及电话。

应急救援组长由项目经理担任；应急救援副组长由责任工长担任；应急救援组成员由安全员、班组长等担任。

急救中心电话：120

火灾报警电话：119

治安报警电话：110

6．事故报告

当工地发生安全事故后，除立即组织人员抢救伤员，采取有效措施防止事故扩大和保护事故现场，做好善后工作外，还应报告有关部门：

轻伤事故：由项目部在 4 小时内报告公司领导。

重伤事故：由项目部在 2 小时内报告公司领导；公司在接到项目部报告后及时报告上级主管部门、安全生产监督管理局；公司工程部负责安全生产的领导接到报告后及时到达现场。

急性中毒、中暑事故：由项目部在 2 小时内报告公司领导；公司在接到项目部报告后及时报告当地卫生部门。

员工受伤后，轻伤的送工地现场医务室医治，重伤、中毒的送医院救治。因伤势过重抢救无效死亡的，公司在 8 小时内通知劳动行政部门处理。

7．救援措施

当施工现场管理人员、班组长、操作人员发现护壁有裂纹、渗水现象，基底有水时，应立即报告应急救援领导小组组长，施工现场管理人员立即下令停止作业，并组织施工人员快速撤离到安全地点。对原护壁裂纹、渗水段破除处理。基底有水时,采用泵明抽,待水抽干后再施工。

当护壁土体发生坍塌后,造成人员被埋、被压时,应急救援领导小组应全员上岗,除立即逐级报告给急救中心(120)、消防中心(119)、市安监站等主管部门之外,应保护好现场,立即组织人员抢救受伤人员。

一旦发生人员触电、窒息、机械伤害等事故,项目部必须立即上报,以便采取相应措施,并按现场应急措施要求实施抢救,根据情况及时转送医院进一步抢救治疗。

当少部分土方坍塌时,现场抢救组专业救护人员应用铁锹进行撮土挖掘,用大锤破除护壁混凝土时,注意避免误伤被埋人员;遇大面积整体倒塌,造成特大事故时,由公司应急救援领导小组统一领导和指挥,各有关部门协调作战,保证抢险工作有条不紊地进行,采用吊车、挖掘机进行抢救,现场指挥并监护,防止机械伤及被埋或被压人员。

被抢救出来的伤员,由现场医疗室医生或急救中心救护人员进行抢救,用担架把伤员抬到救护车上,对伤势严重的人员要立即进行吸氧和输液,到医院后组织医务人员全力救治伤员。

当核实所有人员获救后,对受伤人员的位置进行拍照或录像,禁止无关人员进入事故现场,等待事故调查组进行调查处理。对土方坍塌和高处坠落时死亡的人员,公司及时通知劳动行政部门,由企业及市善后处理组负责对死亡的家属进行安抚,对伤残人员予以安置,对财产予以理赔等。

九、文明施工措施

1. 管理目标

依据公司管理标准,建立环境管理体系,制定环境方针、环境目标和环境指标,配备相应的资源,遵守法规,预防污染,节能减废,实现施工与环境的和谐,达到环境管理标准的要求,确保施工对环境的影响最小,并最大限度地达到施工环境的美化。

认真贯彻执行建设部、四川省和成都市关于施工现场文明施工管理的各项规定。使施工现场成为干净、整洁、安全和文明的工地。

鉴于本工程的特殊性,我们将重点控制和管理现场布置、监建规划、现场文明施工、大气污染、对水污染、噪声污染、废弃物管理、资源的合理使用以及环保节约型材料设备的选用等。

2. 组织保证

(1)在项目经理部建立环境保护体系,明确体系中各岗位的职责和权限,建立并保持一套工作程序,对所有参与体系工作的人员进行相应的培训。

(2)施工现场必须严格按照公司环保手册和现场管理规定进行管理,项目经理部成立4人左右的场地清洁队,每天负责施工现场内外的清理、保洁工作,洒水降尘。

3. 工作制度

(1)每周召开一次"施工现场文明施工和环境保护"工作例会,总结前一阶段的施工现场文明施工和环境保护的情况,布置下一阶段的文明施工和环境保护工作。

(2)建立并执行施工现场环境保护管理检查制度。每周组织一次由各专业施工单位的文明施工和环境保护责任人参加的联合检查,对检查中所发现的问题,开出"隐患问题通知单",定时间、定人、定措施予以解决,公司项目经理部有关部门应监督、落实问题的解决情况。

十、文明施工管理和环保措施

1. 防止对大气产生污染

(1)施工垃圾应及时清运,并适量洒水,减少粉尘对空气的污染。

(2)水泥和其他易飞扬、细颗粒散体材料,安排在库内存放或严密遮盖,运输时要防止遗洒、飞扬,卸运时采取措施,减少污染。

(3)现场内主要交通道路和物料堆放场地全部铺设混凝土硬化路面。

(4)在出场大门处设置车辆清洗冲刷台,车辆经清洗后出场,严防车辆携带泥沙出场造成道路的污染。

(5)现场内设置的食堂和宿舍,由专人负责管理,确保卫生和安全符合规定。

2.防止对水产生污染

(1)确保雨水管网与污水管网分开使用,并分类排放。

(2)施工现场设沉淀池,废水经过沉淀后排入指定污水管线。

(3)现场交通道路和材料堆放场地统一规划排水沟,控制污水流向,设置沉淀池,污水经沉淀后再排入市政管网。

3.防止施工噪声污染

(1)现场混凝土振捣采用低噪声混凝土振捣棒,振捣混凝土时,不得振钢筋和钢模板,并做到快插慢拔。

(2)除特殊情况外,在每天晚22时至次日早6时,严格控制噪声作业,对混凝土搅拌机、电锯、柴油发电机等强噪声设备,应以隔音棚遮挡,实现降噪。

(3)加强环保意识的宣传。采用有力措施控制人为的施工噪声,严格管理,最大限度地减少噪声扰民。

十一、基坑上口的安全防护

(1)基础挖土前,逐一核对地质资料,对软弱剖面位置的坑型,采取加大放坡和支承措施,保证其变形在许可限度之内。

(2)基础周围3m范围内,严禁堆放材料和土方,车辆进出场,设有专人指挥,按规定路线行驶。

十二、基坑内作业的安全措施

(1)挖土必须严格按照施工组织设计规定的程序进行,每次挖土前认真检查坑型和支撑的可靠性,并在整个施工过程中测试和检查。

(2)基坑土方开挖时由于深度较大,为保证坑壁的稳定,须对坑壁采用护壁以保证安全。

(3)基础每挖一层,上部基坑及支撑上的零星杂物必须清理干净,并派专人清理,同时每挖一层即进行一层护壁施工,保证坑壁土体稳定。

(4)地下基础夜间连续施工,坑内照明采用36V低压照明,其走向应在施工前专门设计,其线路架设于脚手架木横担上。并在夜间设红灯警示,专人值班负责安全。

(5)遇大雨基坑内发生积水时应及时抽排,同时对放坡后可能发生塌坍的坑壁及时采取撑挡措施,保证土体稳定。

学习情境二　大型模板施工

任务一　大型模板的支撑

一、任务描述

现有某住宅楼施工项目,施工项目部准备开始模板施工,施工前要编制模板施工方案,准备相关设施,作为该工作参加人员,该进行哪些工作。任务前提:(1)技术已交底;(2)施工项目的情况已提供;(3)模板工程相关知识技能已具备;(4)按工作小组进行任务分工;(5)规定该项工作开始和完成的时间;(6)完成任务需要的设施、资料等。

参见附件一:某住宅楼施工项目工程概况。

二、学习目标

通过本学习任务的学习,你应当能:

(1)描述建筑工程模板施工的工作内容、模板施工的工作流程;

(2)编制模板施工方案,掌握模板施工工作要点;

(3)按照正确的方法和途径,收集整理模板施工资料;

(4)按照模板施工的要求和工作时间限定,准备模板施工设备;

(5)按照单位施工项目管理流程,完成对模板施工方案的报批。

三、内容结构

按照模板施工工作的内容、程序,结合本项目的实际情况,将模板施工工艺流程归结为:弹线→安装模板→绑扎钢筋→安装一侧模板→安装对拉螺栓→调整固定→办理预检,见图2-1。

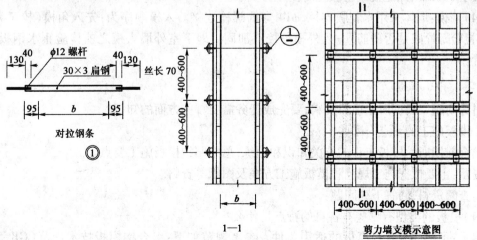

图 2-1　模板施工图(尺寸单位:mm)

四、任务实施

(一)项目引入

任务开始时,由老师发放该项目相关资料,详见附件一、附件二、附件三。学生了解本次任务需要解决的问题,参见图2-2。

图2-2　模板工程施工现场图

提示:模板工程施工方案

(1)顶板模:整板优先跨中布置,找补四周,50mm×100mm木方应四周靠墙放,阴角应平直,可采用"∠"铁包角法。100mm×100mm木方短边布置,间距不大于1200mm,50mm×100mm次龙间距不大于300mm(木材强度满足要求)。

(2)支撑系统:顶板支撑应成排上线,楼层上下支撑位置一致,下脚垫500mm长,50mm×100mm的木方,增加支撑面积。

(3)柱模:采用15mm木胶版,50mm×100mm木背楞,间距250mm,双排8号槽钢作柱箍,利用φ14螺栓连接,柱箍间距下部2m处400mm,其下部第一根柱箍离地面不大于150mm,上部不大于500mm,满足混凝土振捣时侧压力要求。

(4)墙模:墙体采用木胶版支柱,φ14穿墙螺栓连接。入模顺序为:先入角模(校正)—入内模(检验螺栓眼是否碰筋)—入外模—校正加固。地下室外墙入模之前检验止水钢板的安放位置。

(二)学习准备

引导问题　根据所给项目资料,要完成任务需要哪些方面的知识?

1. 模板施工的要点有哪些?

结合前期所学模板工程的有关知识和训练,总结归纳模板施工要点。

提示:主要依据施工规范和模板施工方案及图纸等资料。

2. 查阅资料,回答下列问题:

(1)模板的类型有哪些?各自的特点是什么?

提示:了解区分各种模板的适用条件。参考规范如下:组合钢模板技术规范(GB 50214—2001);

建筑工程大模板技术规程(JGJ 74—2003)。

(2)模板支撑的要点是什么?

提示:按照设计要求、施工规范及模板支撑方案等资料,进行总结归纳。掌握支撑受力计算方法。

3.根据项目资料,大型模板施工需要分析考虑哪些问题?

提示:安全、质量、经济等方面全面考虑,参见本任务参考案例一第一项模板施工要点。

4.参照以上要求,尝试描述大型模板施工工作应如何进行。

5.查阅资料,回答下列问题:

(1)首先通过了解模板施工工作的组成,分析模板施工的工作重点。

(2)模板施工有哪些要求?

(3)模板施工的前提是什么?模板施工的依据分别是什么?

(4)如何达到模板工程施工的技术要求?

(三)大型模板施工方案的编制

引导问题 如何进行大型模板施工方案的编制?

1.大型模板施工方案编制的依据是什么?

2.大型模板施工方案编制包括哪些内容?根据所给工程资料,请描述模板施工方案的编制内容。

3.编写模板施工方案。

目的:巩固加强模板工程的所学的知识。

(四)大型模板施工方案的审核

引导问题 模板施工方案如何审核?

1.资料收集

检查此次审核所需资料是否齐全,参见表2-1。

2.方案审核

依据实际情况和施工方案的内容,做以下工作:

(1)对照项目资料审核方案的合理性,如不满足要求,应如何处理?

(2)结合项目情况和单位的实际情况,检查分析方案的针对性和可操作性,如不符合,应如何处理?

3.方案修改和完善

资料准备情况检查表   表2-1

资 料 清 单	完 成 时 间	责 任 人	任务完成则划"√"
			□
			□
			□
			□
			□
			□
			□

（五）大型模板施工的质量安全控制

引导问题　如何进行施工质量控制？

1. 质量、安全控制的流程和规定。

2. 质量、安全控制的内容和方法。

3. 质量、安全方法不合格的修改和处理：

（1）如何修改？ 由谁修改？ 修改后是否还需要重新审核？

（2）方案修改和完善的质量和时间如何控制？

提示：

①严格依照施工质量、安全管理的规定和流程执行，做好审核记录，便于检查。

②按照"谁做资料谁修改"的原则进行修改，并需要重新进行审核。

③严格控制修改资料的时间和质量，并重新整理和汇总，注意不要混淆新旧资料等。

（六）评价与反馈

1. 学生自我评价。

（1）此次模板施工方案编写是否符合工程要求？ 若不符合，请列出原因和存在的问题，并提出相应的解决方法。

（2）你认为还需加强哪些方面的指导（从实际工作过程及理论知识两方面考虑）？

2. 学习工作过程评价（表 2-2）。

任 务 评 分 表 表 2-2

考核项目	分　数			学生自评	小组互评	教师评价	小　计
	合格	良	优				
方案的完整性审查	1	3	5				
方案的合理性、可操作性审查	6	8	10				
总　　计	7	11	15				
教师签字：				年　月　日		得分	

参考案例：

模板支撑及其施工要点

本方案根据 JGJ 130—2001《建筑施工扣件式钢管脚手架安全技术规范》编制。

工程概况：江南别院住宅工程位于江南市江南区，东邻江北大道，北靠 2 000 亩的江南市政公园，西面是 40m 宽的规划道路，是目前该区范围内屈指可数的高档舍区之一

该建筑为 22 +1 层的住宅，剪力墙结构，面积为 48 096m²。建筑物总高度为 67.3m，底层带商业网点的高层住宅，耐火等级一级，建筑分类为一类高层住宅楼；工程设计等级为特级，总居住户数 444 户，抗震烈度 7 度，设计使用年限 50 年。本工程基础承台部分采用钢模板；其余剪力墙、暗柱等为达到清水模板的施工效果，采用覆膜高强胶合板。

一、模板施工要点

（1）所有梁、柱、剪力墙模板安装前，先弹出模板边线及控制线。

（2）模板安装时，先安装梁墙节点、梁板节点处的定形模板，拆除顺序则反之，大模板拆除后不得乱扔，以免损坏大模的棱角。

（3）剪力墙模板在安装完成后吊线检查垂直度，并拉通线校核轴线。

（4）楼板支架搭设好后，应复核底模标高位置是否正确，梁板跨度超过5m时，应按规范要求起拱。

（5）模板安装误差必须控制在允许范围，如误差超过规范所列值，则必须进行返工处理。

（6）剪力墙模板支设完成后，应在墙模板底部与楼面相交处用1∶2水泥砂浆封口，避免混凝土浇筑时漏浆。

二、模板拼装

（1）按模板设计图尺寸，将模板拼成整片模板，每块模板的尺寸须根据设计的墙面大小，考虑楼层上翻的方便，制作成一块或多块，接缝处要清缝严密，模板拼缝平整。

（2）胶合板模板锯开的边及时用防腐油漆封边两道，防止竹胶板模板使用过程中开裂、起皮。

（3）在配制模板前，首先考虑模板与配制模板尺寸是否合适，严禁大料小用，长料短用。

（4）模板加工好后，认真检查模板规格、尺寸，按照配模图编号，并均匀涂刷隔离剂，分规格码放，并采取防雨、防潮、防砸措施。

（5）放好轴线、模板边线，墙体控制50线，水平控制标高，模板底口平整、坚实，若达不到要求，应做水泥砂浆找平层。

（6）模板与混凝土的接触面应清理干净并涂刷隔离剂，但不得采用影响结构性能或妨碍装饰工程施工的隔离剂。

三、模板安装

（1）墙模板用70×50mm@250木枋背楞，最外层架管间距600mm，模板用电钻打眼，孔距500mm，螺丝与龙骨拧紧。斜支撑角度不能大于60°。

（2）为保证墙体的断面尺寸并控制模板接缝处墙面的平整度，在墙体的上、中、下，模板的拼缝处，用细石混凝土制作成50mm×50mm×200mm矩形的定位撑条绑扎在墙筋上。以保证模板拼缝严密、平整、相邻模板平整度不能超过1mm。

（3）模板加固完成后，校正模板垂直度、平整度和截面尺寸。

（4）全面检查安装质量，注意在纵横两个方向上都挂通线检查，并作好群体的水平拉（支）杆及剪刀支杆的固定。

（5）将模内清理干净，封闭清理口。

四、拆模要求

（1）拆除模板应遵循先支后拆、后支先拆；先拆不承重的模板，后拆承重部分的模板；自上而下，支架先拆侧向支撑，后拆竖向支撑。

（2）侧模的拆除应在混凝土强度达到1.2N/mm²，其表面及棱角不因拆除模板而损坏时方可拆除。

（3）柱模板拆除时，要从上口向外侧轻击和轻撬，使模板松动，要适当加设临时支撑，以防柱子模板倾倒伤人。

（4）梁板模拆除时，先拆除梁侧模板上的水平钢管及斜支撑，轻撬梁侧模板，使之与混凝土表面脱离，将支撑顶托螺杆在下调相同高度，以把住拆下模板，严禁模板自由坠落于地面。

（5）模板拆除后应及时清理干净，保护好混凝土阴阳角。

（6）梁模板拆除应等实验报告结果达到拆除要求后方能拆除。

五、模板工程

(一)现浇构件模板类型的选择

(1)柱、剪力墙:选用普通钢模和15mm厚的覆膜胶合板,钢模的主要规格为:宽:100、150、200、250、300mm,长:600、900、1 200、1 500mm等多种规格,模板间用U形卡连接,沿柱的高度竖向错拼。钢管脚手架作为支撑加固,对于断面较大的柱截面,采用支承加强,以保证成型后混凝土的表面质量。模板以及架管架料的需用量按地下室的实际面积配置。

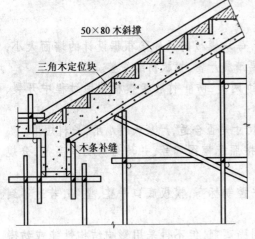

图2-3 组合模板图(尺寸单位:mm)

(2)梁模板:梁模板采用普通组合钢模(根据梁断面选择),沿梁的长度方向横排,端缝错开,梁模板与楼板交接处,采用阴角模板或木材拼装,梁口、梁板、梁柱节点,均采用定型钢模。

(3)模板:采用15mm厚的覆膜的高强胶合板,板缝平接用胶带贴缝,板下设50mm×100mm木枋、ϕ48mm横钢管。模板主规格为900mm×1 800mm、1 200mm×2 400mm两种。

(4)楼梯段模板:楼梯段模板的底模、外侧板、反三角木采用木模加钢模的组合模板,见图2-3。

(二)模板支撑体系

1.柱模板支撑

(1)工艺流程

弹柱位置线→抹找平层作定位墩→安装柱模板→安装柱箍→安装拉杆或斜撑→办理预检

(2)按标高抹好水泥砂浆找平层,按位置线做好定位墩台,以保证柱轴线边线与标高的准确,或者按照放线位置,在柱四边离地5~8cm处的主筋上焊接支杆,从四面顶住模板,以防止位移。

(3)安装柱模板:通排柱,先装两端柱,经校正、固定、拉通线校正中间各柱。模板按柱子截面大小,预拼成一面一片,或两面一片,就位后先用铁丝与主筋绑扎临时固定,用U形卡将两侧模板连接卡紧,安装完两面后再安装另外两面模板。

(4)安装柱箍:柱箍可用角钢、钢管等制成,采用木模板时可用螺栓、方木制作钢木箍。柱箍应根据柱模尺寸、侧压力大小,在模板设计中确定柱箍尺寸间距。

(5)安装柱模的拉杆或斜撑:柱模每边设2根拉杆,固定于事先预埋在楼板内的钢筋环上,用经纬仪控制,用花篮螺栓调节校正模板垂直度。拉杆与地面夹角宜为45°,预埋的钢筋环与柱距离定为3/4柱高。

(6)将柱模内清理干净,封闭清理口,办理柱模预检。

(7)采用扣件钢管做柱箍,梁柱节点范围,则采用专用型钢柱箍。普通柱箍间距@500,柱子上中下三道钢管柱箍与梁板支架或操作架拉结成一体,支模形式见图2-4。

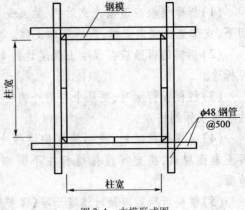

图2-4 支模形式图

26

2. 安装剪力墙模板(图2-5)

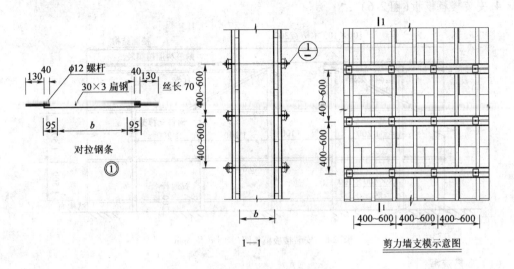

图2-5　安装剪力墙模板图(尺寸单位:mm)

(1)工艺流程

弹线→安装门洞口模板→绑扎钢筋→安装一侧模板→安装对拉螺栓→调整固定→办理预检

(2)按位置线安装门洞模板,下设埋件或木砖,把预先拼装好的一面模板,按位置线就位。然后安装拉杆或斜撑,安塑料套管和穿墙螺栓,穿墙螺栓规格和间距,在模板设计时应明确规定,清扫墙内杂物,再安装另一侧模板,调整拉杆位置,使模板垂直后,拧紧穿墙螺栓。

模板安装完毕后,检查一遍扣件、螺栓是否紧固,模板拼缝及下口是否严密,办完预检手续。

3. 安装梁模板

(1)工艺流程:

弹线→支立柱→调整标高→安装梁底模→绑梁钢筋→安装侧模→办理预检

(2)柱子拆模后,在混凝土上弹出轴线和水平线。

(3)安装梁支承之前,支承下需垫通长脚手板。一般梁支承采用单排支承架,当梁截面较大时,可采用双排或多排支承,支承的间距应由模板设计确定。一般情况下,间距以60～100cm为宜,支承上面垫100mm×100mm方木,支柱双向加剪刀撑和水平拉杆,离地50cm设一道,以上每隔2m设一道。

(4)按设计标高调整支承的标高,然后安装梁底板,并拉线找直,梁底板应按规定起拱,当梁跨度等于或大于4m时,梁底板按设计要求起拱,如设计无要求时,起拱高度宜为全跨长度的1/1 000～3/1 000。

(5)绑扎梁钢筋,经检查合格后办理隐检,并清除杂物,安装侧模板,把两侧模板与底板用U形卡连接。

(6)用钢管架支承固定梁侧模板,间距应由模板设计规定,一般情况下宜为75cm,梁模板上口用定型卡或钢管架夹紧固定。当梁高超过60cm时,加穿梁螺栓加固。

27

(7)安装后,校正梁中线、标高、断面尺寸,将梁模板内杂物清理干净,检查合格后办理预检。

4. 安装楼板模板(图2-6)

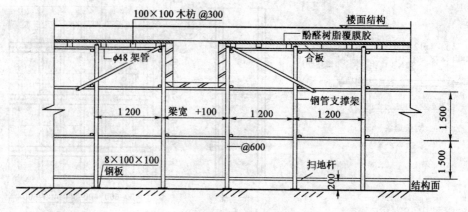

图2-6 安装楼板模板图(尺寸单位:mm)

(1)工艺流程

支立柱→安装大小龙骨→铺覆膜胶合板→校正标高→加立杆的水平拉杆→办理预检

(2)地面支柱前应垫通长脚手板或钢垫板,采用多层支架支模时,支柱应垂直,上下层支柱应在同一竖向中心线上。

(3)从边跨一侧开始安装,先安装第一排龙骨和支承,临时固定;再安装第二排龙骨和支柱,依次逐排安装。支柱与龙骨间距应根据模板设计确定。一般支柱间距为80~120cm,大龙骨间距为60~120cm,小龙骨间距为20~40cm。

(4)调节钢管的支承高度,将大龙骨找平。

(5)铺覆膜胶合板,在拼缝处用不干胶黏贴,胶合板之间均应拼缝严密。

(6)模板铺设完毕后,用水平仪测量模板标高,进行校正,并用靠尺找平。

(7)标高校完后,支承之间应加水平拉杆。一般情况下离地面20~30cm处一道,往主纵横方向每隔1.6m左右一道,并应经常检查,保证完整牢固。

(8)将模板内杂物清理干净,办理预检。

(三)模板施工要点

(1)所有框架梁柱、剪力墙模板安装前,先弹出模板边线及控制线。

(2)模板安装时,先安装梁柱节点、梁板节点处的定形模板,拆除顺序则反之。

(3)柱子、剪力墙模板在安装完成后吊线检查垂直度,并拉通线校核轴线位置。

(4)楼板支架搭设好后,应复核底模标高位置是否正确,梁板跨度超过4m时,应按跨度的1/1 000~3/1 000起拱。

(5)模板安装误差必须控制在允许范围,如误差超过表2-3所列值,则必须进行返工。

(四)模板工程质量保证措施

(1)模板的支设必须保证结构的几何尺寸及轴线位置的准确。在模板配制、安装、校核全过程,各道工序必须达到规范要求。

(2)梁板跨度≥4 000mm时,应按全跨度的1/1 000~3/1 000起拱。

(3)在混凝土浇注前,应检查承重架及加固支撑的扣件是否拧紧,拧紧螺栓的扭力矩控制在50N·m。

28

（4）模板的安装必须符合规范 GB 50204—92 第 2.3.9 条现浇结构模板安装的允许偏差的规定,参见表 2-3。

现浇结构模板安装的允许偏差表(mm)　　　　表 2-3

项　目		允许偏差(mm)	检验方法
轴线位置		5	钢尺检查
底模上表面标高		±5	水准仪或拉线、钢尺检查
截面内部尺寸	基础	±10	钢尺检查
	柱、墙、梁	+4,−5	钢尺检查
层高垂直度	不大于5m	6	经纬仪或吊线、钢尺检查
	大于5m	8	经纬仪或吊线、钢尺检查
相邻两板表面高低差		2	钢尺检查
表面平整度		5	2m靠尺

（5）钢模板与混凝土接触面应刷隔离剂,但禁止采用油质隔离剂,严禁隔离剂污染梁板钢筋及混凝土。

（6）框架柱每层浇筑高度超过 3m 时,使用串筒下料。柱断面尺寸较小者,采取在框架柱上留设高度不少于 300mm 的下料洞口。

（7）模板侧模的拆除应在混凝土强度达到 1.2N/mm²,其表面及棱角不因拆除模板而损坏后方可拆除。使用早拆体系的梁板可在混凝土强度达到 50% 时拆模,但后拆支撑则应在混凝土等级达到要求值后才能拆除,见表 2-4。

（五）支撑系统

整个地下室楼板支撑系统采用 48×3.5 钢管,满堂红搭设,支撑计算如下:

模板支撑架承受的荷载:6 000N/m²

其中:钢模及连接件自重:750N

钢管支架自重:250N

新浇混凝土重力:2 500N

施工荷载:2 500N

每根立杆承受荷载:1.2×1.2×6 000 = 8 640N

钢管回转半径:15.78mm

按强度计算钢管支柱的受压应力 $\sigma = 8 640/489 = 17.67\text{N/mm}^2$

按稳定性计算钢管主柱的受压应力 $\sigma_1 = 8 640/0.588×489 = 30.05\text{N/m}^2$

均小于许用应力 $[f] = 125 \text{N/m}^2$,故满足要求。

现浇构件底模拆模时所需要混凝土强度表　　　　表 2-4

结构类型	结构跨度	达到设计的混凝土立方体抗压强度标准值的百分率(%)
板	≤2	≥50
	>2,≤8	≤75
	>8	≥100
梁	8≤	≥75
	>8	≥100
悬挑构件	—	≥100

六、大模板施工

（一）材料要求

（1）覆膜胶合板模板：尺寸（1 220mm×2440mm）、厚度（15～18mm）。

（2）方木：50×100mm、50×70mm 木方，应不变形，方正。不合格材料选出，在不受力地方加固使用，不直木方平刨刨直，木方宽度一致。

（3）对拉螺栓：采用 $\phi14$ 以上的专用高强螺栓，双边滚压丝扣，并且两边带好两个螺母。

（二）施工机具

（1）木工圆盘锯、平刨、压刨、手提压刨、打眼电钻、线坠、靠尺板、方尺、铁水平、撬棍等。

（2）支撑体系：柱箍、钢筋、梁定型卡。

（三）模板拼装

（1）拼装场地夯实平整。

（2）按模板设计图尺寸，将模板拼成整片模板，每块模板的尺寸须根据设计的墙面大小，考虑楼层上翻的方便，制作成一块或多块，接缝处要清缝严密，模板拼缝平整。

（3）竹胶板模板锯开的边及时用防腐油漆封边两道，防止竹胶板模板使用过程中开裂、起皮。

（4）在配制模板前，首先考虑模板与配制模板尺寸是否合实，严禁大料小用，长料短用。

（5）模板加工好后，认真检查模板规格、尺寸，按照配模图编号，并均匀涂刷隔离剂、分规格码放，并采取防雨、防潮、防砸措施。

（6）放好轴线，模板边线，墙体控制 50 线，水平控制标高，模板底口平整、坚实，若达不到要求应做水泥砂浆找平层。

（7）模板与混凝土的接触面应清理干净并涂刷隔离剂，但不得采用影响结构性能或妨碍装饰工程施工的隔离剂。

（四）模板安装

1.安装墙、柱模板

（1）按照模板设计图纸的要求配制组装模板，检查模板平整度。

（2）墙、柱、模板采用配制的模板分片组装，模板必须清理干净并刷脱模剂。

（3）墙模板用 70×50mm@250 木枋背楞，最外层架管间距600mm，模板用电钻打眼，孔距600mm（图 2-7），螺栓与龙骨拧紧。斜支撑角度不能大于60°。

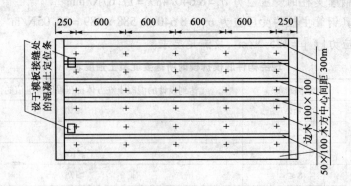

图2-7　安装墙模板图一（尺寸单位：mm）

(4)为保证墙体的断面尺寸并控制模板接缝处墙面的平整度,在墙体的上、中、下,模板的拼缝处,用细石混凝土制作成 50mm×50mm×200mm 矩形的定位撑条绑扎在墙筋上,以保证模板拼缝严密、平整,相邻模板平整度不能超过 1mm。

(5)模板加固完成后,校正墙、柱模板垂直度,墙柱截面尺寸、柱模对角线,并做支撑。见图 2-8、图 2-9、图 2-10。

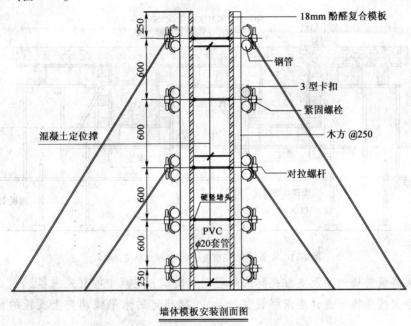

墙体模板安装剖面图

图 2-8 安装墙模板图二(尺寸单位:mm)

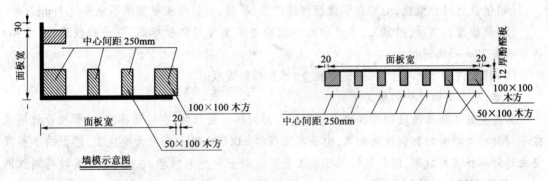

图 2-9 安装墙模板图三(尺寸单位:mm)　　　　　图 2-10 现浇板支设图(尺寸单位:mm)

(6)全面检查安装质量,注意在纵横两个方向上都挂通线检查,并作好群体的水平拉(支)杆及剪刀支杆的固定。

(7)将柱、墙模内清理干净,封闭清理口。

2.安装梁模板(图 2-11)。

(1)梁模板支撑的搭设和模板安装顺序与钢模的安装基本相同。

(2)支撑架完成后,搭设梁底小横木,中心间距按 25mm 设置。

(3)拉线安装底模板,控制好梁底的起拱高度符合模板设计要求。梁底模板经过验收后,用钢管扣件将其固定好。

（4）在底模上绑扎钢筋，经验收合格后，清除杂物，安装梁侧模板，将两侧模板与底模用脚手管和扣件固定好，梁测模板上口要求拉线找直，用梁内支撑固定。

（5）复核梁模板的截面尺寸，与相邻梁柱模板连接固定。

（6）安装后校正梁中线标高、断面尺寸，将梁模板内杂物清理干净。

3.安装楼板模板（图2-11）。

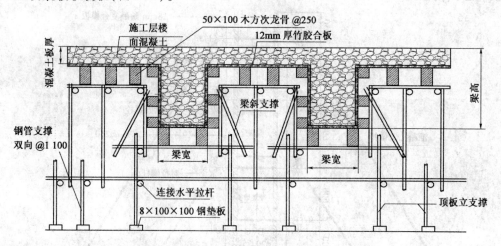

图2-11　安装顶板、梁模板示意图（尺寸单位：mm）

（1）支架搭设前楼地面及支柱托脚的处理同梁模工艺要点中的有关内容。

（2）脚手架按照模板设计要求搭设完毕后，根据给定的水平线调整上支托的标高及起拱的高度。

（3）搭设大龙骨，钢管龙骨间距1.1m，上面铺设小龙骨，龙骨中心间距不能大于250mm。

（4）铺设竹胶合模板，必须保证模板拼缝严密、平整，相邻模板平整度不能超过1mm。

（5）模板铺设完后，用靠尺、塞尺和水平仪检查平整度与楼板标高，并进行校正，大于4m的房间按2‰~3‰起拱。

（6）将板内杂物清理干净，并进行检查，然后拆除模板。

4.墙、梁中夹钢丝网的施工措施

为避免施工装饰阶段砌体和剪力墙的结合部的抹灰面开裂，在墙面抹灰前，须按设计要求在不同材料的结合部钉钢丝网加强，由于本工程的±0.000以上采用大模施工，墙面的平整度要求达到不抹灰的效果，因此钢丝网安装采用浇混凝土时先期预埋，在梁、墙支模时将钢丝网夹入，见图2-12。

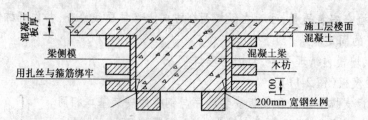

图2-12　墙、梁中夹钢丝网施工示意图（尺寸单位：mm）

5.安装楼梯模板（见地下室楼梯模板安装）

剪力墙筒体内楼梯采用隔层浇筑，即在浇筑筒体混凝土完成后再安装该层楼梯模板，楼梯的施工缝应留设在楼梯起或止的第三个踏步的位置。

（五）模板施工要点

（1）所有框架柱、剪力墙模板安装前，先弹出模板边线及控制线。

（2）安装模板时，先安装梁柱节点、梁板节点处的定型模板，拆除顺序则反之，大模板拆除后不得乱扔，以免损坏大模的棱角。

（3）柱子、剪力墙模板在安装完成后吊线检查垂直度，并拉通线校核轴线。

（4）楼板支架搭设好后，应复核底模标高位置是否正确，梁板跨度超过5m时，应按设计要求取跨度的3‰起拱。

（5）模板安装误差必须控制在允许范围，如误差超过规范所列值，则必须返工处理。

（6）柱、墙模板支设完成后，应在柱、墙模板底部与楼面相交处用1:2水泥砂浆封口，避免柱、墙混凝土浇筑时漏浆。

（六）拆模要求

（1）模板侧模的拆除应在混凝土强度达到1.2N/mm²，其表面及棱角不因拆除模板而损坏时方可拆除。使用早拆体系的梁板可在混凝土强度达到50%时拆模，但后拆支撑则应在混凝土等级达到要求值后才能拆除。

（2）现浇构件底模拆模时所需要混凝强度，如表2-4所示。

（3）模板需保留到不损坏混凝土时才能拆模，拆模时不能损坏混凝土及产生破坏性损坏。

保留模板及支撑的时间取决于天气情况、养护方法、强度、构件的类型，以及后来的荷载，但不应少于以下：

梁边模、墙及柱（非承重情况下）	24 小时
板（保留支撑）	4 天
梁底及无梁楼板（保留支撑）	7 天
在梁之间板支撑	10 天
梁、无梁楼板	14 天
悬臂梁支撑	28 天

同时，模板及支撑的拆除，应满足施工规范的要求。

（七）模板工程质量保证措施

（1）模板的支设必须保证结构的几何尺寸及轴线位置的准确。在模板配制、安装、校核全过程，各道工序必须达到规范要求。

（2）电梯井道的几何尺寸必须保证，垂直度必须每隔三层进行一次整体检查校核。建筑物外周边梁、墙、柱、阳台的垂直度要逐层整体检查校核，及时调整，避免给后续工作留下困难。

（3）在混凝土浇注前，应检查承重架及加固支撑的扣件是否拧紧，拧紧螺栓的扭力矩控制在 40~65N·m。

（4）模板的安装必须符合规范 GB 50204—2002 中表 4.2.7 的现浇结构模板安装的允许偏差及检验方法。

（5）模板与混凝土接触面应刷隔离剂，但禁止采用油质隔离剂，严禁隔离剂污染梁板钢筋及混凝土。

（6）为避免混凝土浇筑时漏浆，柱、梁钢模板支设时，在转角模板缝内嵌入泡膜或马粪纸。

（7）梁、板与柱、墙混凝土强度等级不同时，按图2-13支设钢丝网。

(8)梁模板配模时,需从两边往中间配制,不合模数配制的木模设在梁的中部。柱模板配模时从上下往中间配制,不合模数配制的木模设在柱的中部或下部。

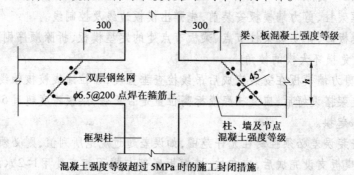

图 2-13　钢丝网支设施工示意图(尺寸单位:mm)

(9)模板拆除

①拆除模板应遵循先支后拆、后支先拆;先拆不承重的模板,后拆承重部分的模板;自上而下,支架先拆侧向支撑,后拆竖向支撑。

②侧模的拆除应在混凝土强度达到 $1.2N/mm^2$,其表面及棱角不因拆除模板而损坏时方可拆除。

③柱模板拆除时,要从上口向外侧轻击和轻撬,使模板松动,要适当加设临时支撑,以防柱子模板倾倒伤人。

④梁板模拆除时,光拆除梁侧模板上的水平钢管及斜支撑,轻撬梁侧模板,使之与混凝土表面脱离,将支撑顶托螺杆在下调相同高度,以把住拆下模板,严禁模板自由坠落于地面。

⑤模板拆除后应及时清理干净,保护好混凝土阴阳角。

⑥梁模板拆除应等实验报告结果或项目部通知后方能拆除。

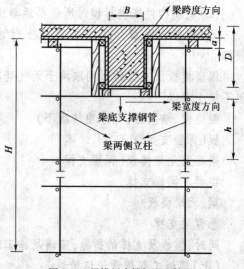

图 2-14　梁模板支撑架立面简图

(八)模板支撑计算(图 2-14)。

基本尺寸为:按梁截面 $B \times D = 200mm \times 1100mm$ 计算,梁支撑立杆的横距(跨度方向) $l = 0.55m$,立杆的步距 $h = 1.50m$。

1. 梁下支撑计算

荷载的计算:

(1)钢筋混凝土梁自重(kN/m):

$$q_1 = 25.00 \times 1.1 \times 0.55 = 15.12 kN/m$$

$$q_2 = 0.35 \times 0.55 \times (2 \times 1.1 + 0.20)/0.20 = 2.31 kN/m$$

(2)活荷载为施工荷载标准值与振捣混凝土时产生的荷载(kN):

经计算得到,活荷载标准值 $P_1 = (1.000 + 1.000) \times 0.200 \times 0.550 = 0.22 kN$

支撑钢管的强度计算:

34

支撑钢管按照连续梁的计算见图 2-15、图 2-16、图 2-17。

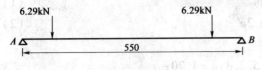

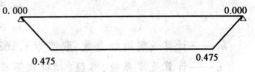

图 2-15 计算简图　　　　　　　　　　图 2-16 支撑钢管弯矩图(kN·m)

经过连续梁的计算得到

支座反力 $R_A = R_B = 6.29$ kN

最大弯矩 $M_{\max} = 0.475$ kN·m

最大变形 $V_{\max} = 0.428$ mm

截面应力 $\sigma = 0.475 \times 10^6 / 4\,318.0 = 110.0$ N/mm^2

支撑钢管的计算强度小于 205.0N/mm^2，满足要求！

2. 梁底纵向钢管计算

纵向钢管只起构造作用,通过扣件连接到立杆。

3. 扣件抗滑移的计算

图 2-17 支撑钢管变形图(mm)

纵向或横向水平杆与立杆连接时,扣件的抗滑承载力按照下式计算(规范 5.2.5 节):

$$R \leqslant R_c$$

式中: R_c——扣件抗滑承载力设计值,取 8.0kN;

　　　R——纵向或横向水平杆传给立杆的竖向作用力设计值。

计算中 R 取最大支座反力, $R = 6.29$ kN

单扣件抗滑承载力的设计计算满足要求！

当直角扣件的拧紧力矩达 40~65N·m 时,试验表明:单扣件在 12kN 的荷载下会滑动,其抗滑承载力可取 8.0kN;

双扣件在 20kN 的荷载下会滑动,其抗滑承载力可取 12.0kN。

4. 梁下立杆的稳定性计算

不组合风荷载时:

$$\sigma = \frac{N}{\phi A} \leqslant [f]$$

$$N = 1.2(N_{G1K} + N_{G2K}) + 1.4 \sum N_{QK}$$

组合风载荷时

$$\sigma = \frac{N}{\phi A} + \frac{M_W}{W} \leqslant [f]$$

$$N = 1.2(N_{G1K} + N_{G2K}) + 0.85 \times 1.4 \sum N_{QK}$$

式中: ϕ——轴心受压立杆的稳定系数,由长细比 l_0/i 查表得到;

　　　i——计算立杆的截面回转半径(cm); $i = 1.58$ cm;

　　　A——立杆净截面面积(cm^2); $A = 4.89$ cm^2;

　　　W——立杆净截面抵抗矩(cm^3); $W = 5.08$ cm^3;

　　　σ——钢管立杆抗压强度计算值(N/mm^2);

　　　$[f]$——钢管立杆抗压强度设计值, $[f] = 205.00$ N/mm^2;

　　　l_0——计算长度(m);

如果完全参照《扣件式规范》,由下式计算

$$l_0 = k_1 uh \tag{1}$$

$$l_0 = h + 2a \tag{2}$$

k_1——计算长度附加系数,取值为 1.163;

u——计算长度系数,参照《扣件式规范》表 5.3.3;$u = 1.70$;

a——立杆上端伸出顶层横杆中心线至模板支撑点的长度;$a = 0.30$m;

公式(1)的计算结果:$\sigma = 83.65 \text{N/mm}^2$,立杆的稳定性计算 $\sigma < [f]$,满足要求!

公式(2)的计算结果:$\sigma = 44.42 \text{N/mm}^2$,立杆的稳定性计算 $\sigma < [f]$,满足要求!

如果考虑到高支撑架的安全因素,适宜由下式计算

$$l_0 = k_1 k_2 (h + 2a) \tag{3}$$

k_2——计算长度附加系数,取值为 1.000;

公式(3)的计算结果:$\sigma = 58.35 \text{N/mm}^2$,立杆的稳定性计算 $\sigma < [f]$,满足要求!

5. 剪力墙支撑计算

混凝土的重力密度 $\lambda = 25 \text{kN/m}^2$

混凝土初凝时间 $t_0 = 5.5$h

外加剂影响修正系数 $\beta_1 = 1$

混凝土坍落度影响修正系数 $\beta_2 = 1$

混凝土的浇筑速度 $V = 2$m/h

新浇混凝土对模板的侧压力由下式确定为:

$$F = 0.22 \lambda t_0 \beta_1 \beta_2 V^{\frac{1}{2}} = 0.22 \times 25 \times 5.5 \times 1 \times 1 \times 2^{\frac{1}{2}} = 42.77 \text{kN/m}^2$$

选用对拉杆间距 600×600,则对拉杆承受的拉力

$$N = 0.6 \times 0.6 \times 42.77 = 15.4 \text{ kN}$$

对拉杆需要截面积

$$A_0 = N/[f] = 15\,400/205 = 75 \text{mm}^2$$

选用 -3×30 的扁钢截面积为 $90 \text{mm}^2 > A_0 = 75 \text{mm}^2$,满足要求。

任务二　脚手架的搭建、拆除方法和注意事项

一、任务描述

现有某住宅楼施工项目,施工项目部准备开始模板施工,施工前要编制脚手架施工方案,准备相关设施,作为该工作参加人员,该进行哪些工作。任务前提:(1)技术已交底;(2)施工项目的情况已提供;(3)模板工程相关知识技能已具备;(4)按工作小组进行任务分工;(5)规定该项工作开始和完成的时间;(6)完成任务需要的设施、资料等。

参见附件一:某住宅楼施工项目工程概况。

二、学习目标

通过本学习任务的学习,你应当能:

(1)描述建筑工程脚手架施工的工作内容和脚手架施工的工作流程;

(2)编制脚手架施工方案,掌握脚手架施工工作要点;

(3)按照正确的方法和途径,收集整理脚手架施工资料;

(4)按照脚手架施工的要求和工作时间限定,准备脚手架施工材料和设备;

(5)按照单位施工项目管理流程,完成对脚手架施工方案的审核。

三、内容结构

按照脚手架施工工作的内容、程序,结合本项目的实际情况,将脚手架搭设方法归结如下:
摆放扫地杆(摆放悬挑工字钢)→逐根树立立杆并与扫地杆扣紧→装扫地小横杆并与立杆和扫地杆扣紧→装第一步大横杆并与各立杆扣紧→安装第一步小横杆→安装第二步大横杆→安装第二步小横杆→加设临时斜撑杆,上端与第二步大横杆扣紧(在装设连墙杆后拆除)→安装第三、四步大横杆和小横杆→安装连墙杆→接立杆→加设剪刀撑→铺架板→绑扎防护栏杆及挡脚板,并挂立网防护。

四、任务实施

(一)项目引入

任务开始时,由老师发放该项目相关资料,详见附件一、附件二、附件三。学生了解本次任务需要解决的问题,参见图2-18。

图2-18 模板工程施工现场图

(二)学习准备

引导问题 根据所给项目资料,要完成任务需要哪些方面的知识?

1.脚手架施工有哪些要点?

结合前期所学模板工程的有关知识和训练,总结归纳脚手架施工要点。

提示:主要依据施工规范和脚手架施工方案及图纸等资料。

2.查阅资料,回答下列问题:

(1)脚手架有哪些类型?各自的特点是什么?

提示:区分各种脚手架的适用条件。执行规范如下:

建筑施工扣件式钢管脚手架安全技术规范(JGJ 130—2001);

组合钢模板技术规范（GB 50214—2001）；

建筑工程大模板技术规程（JGJ 74—2003）。

（2）脚手架的施工要点是什么？

提示：按照设计要求和施工规范及脚手架施工方案等资料，总结归纳。

3. 根据项目资料，脚手架验收需要分析考虑哪些问题？

提示：脚手架验收的主要要求（图2-19），参见本任务参考案例二第二项中的脚手架的验收拆除：（2）验收的具体内容。

图2-19　模板工程施工现场图

（三）脚手架施工方案的编写

引导问题　如何进行脚手架施工方案的编制？

1. 脚手架施工方案编制的依据是什么？

2. 脚手架施工方案编制包括哪些内容？根据所给工程资料，描述脚手架施工方案的编制内容。

3. 编写脚手架施工方案。

目的：巩固加强模板工程所学的内容。

（四）脚手架施工方案的审核

引导问题　脚手架施工方案如何审核？

1. 资料收集

检查需准备的资料是否齐全，参见表2-5。

资料准备情况检查表　　　　　　　　　　　　　　　　　表2-5

资 料 清 单	完 成 时 间	责 任 人	任务完成则划"√"
			□
			□
			□
			□
			□
			□
			□

2.方案审核

依据实际情况和施工方案的内容,做以下工作:

(1)对照项目资料审核方案的合理性,如不满足要求,应如何处理?

(2)结合项目情况和单位的实际情况,检查分析方案的针对性和可操作性,如不符合,应如何处理?

3.修改和完善脚手架施工方案

(五)脚手架施工的质量安全控制

引导问题 如何进行施工质量控制?

1.脚手架施工的质量、安全控制的流程和规定是什么?

2.质量、安全控制的内容和方法是什么?

3.方案不合格的修改和处理:

(1)方案如何修改? 由谁修改? 修改后是否还需要重新审核?

(2)方案修改和完善的质量和时间如何控制?

提示:

①严格依照施工管理的规定和流程执行,做好审核记录,便于检查。

②按照"谁做资料谁修改"的原则进行修改,并需要重新审核。

③严格控制修改资料的时间和质量,并重新整理和汇总,注意不要混淆新旧资料。

(六)评价与反馈

1.学生自我评价。

(1)脚手架施工方案编写是否符合工程要求? 若不符合,请列出原因和存在的问题,并提出相应的解决方法。

(2)你认为还需加强哪些方面的指导(从实际工作过程及理论知识两方面考虑)?

2.学习工作过程评价表(表2-6)。

任务评分表 表2-6

考核项目	分 数			学生自评	小组互评	教师评价	小 计
	合格	良	优				
方案的完整性审查	1	3	5				
方案的合理性、可操作性审查	6	8	10				
总 计	7	11	15				
教师签字:				年 月 日		得分	

参考案例一:

脚手架工程的搭设

内外脚手架必须严格按规范 JGJ 130—2001《建筑施工扣件式钢管脚手架安全技术规范》要求进行搭设,各架子的搭设必须拉结牢固。外架除下部要有坚实的支垫,与建筑物有可靠连接外,还应搭设密目安全网。操作层必须满铺架板,绑扎牢固,紧靠操作层下面必须设水平兜网。外架立面用密目安全网全封闭,防止物件坠落伤人。

一、整体提升架安装、拆除的安全措施

(1)架子安装或拆除时,操作人员必须系好安全带,指挥与吊车人员应相互配合,以防意外发生。

(2)架子升降时,架子上除架工以外不得有其他人员,且应清除架上的杂物,如模板、钢筋等。

(3)架子操作人员必须经过专门的培训,取得合格证后方可上岗。严禁酒后上架操作。

(4)架子升降时倒链的吊挂点应牢靠、稳固,每次升降前应取得升降许可证后方可升降。

(5)为防架子升降过程中意外发生,架子升降前应检查摆针式防坠器的摆针是否灵活,摆针弹簧是否正常。

(6)应对现场施工人员进行升降架的正确使用和维护的安全教育,严禁任意拆除和损坏架体结构或防护设施,严禁超载使用,严禁直接在架子上将重物吊放或吊离。

(7)架子与建筑物之间的护栏和支撑物,不得任意拆除,以防意外发生。

(8)架子升降过程中,应清除架子上的物品,除操作人员外,其他人员必须全部撤离。不允许夜间进行架子升降操作。

(9)施工过程中,应经常对架体、配件等承重构件进行检查,如出现锈蚀严重、焊缝异常等情况。

(10)升降完成后应立即对该组架进行检查验收,经检查验收取得准用证后方可使用。

(11)架上高空作业人员必须佩带安全带和工具包,以防坠人坠物。

(12)施工过程应建立严格检查制度,班前班后及风雨之后,均应有专人按制度进行认真检查,注意是否出现锈蚀严重、焊缝异常等危及安全的隐患,如发现应及时进行处理,必要时为了保证安全,宁可向土建负责人提出申请进行停产整改,也不能勉强继续施工。

(13)遵守升降架安全操作规程,若其他工种人员在作业中不按升降架安全操作规程或高空作业有关规定作业引起意外事故,均由违章者自行负责。

二、结构施工中的安全措施

(1)安装模板时,应按照先后顺序安装,边固定、边检查、边支撑。支撑系统未固定稳定前,不准上人操作,更不允许在梁底模上行走或放重物及其他工具。

(2)装拆模板时,应上下有接应,传递模板和扣件,拆卸完后方可停歇。严禁任意往下投掷物品,所有工具应装在工具袋内或拴牢在身上,拆下的连接件或材料,应放置在安全可靠处,严禁乱堆乱放。

(3)所有悬挑构件,在施工过程中均需加设支撑,待施工完毕后或现浇混凝土强度达到100%时才拆除,同时应严格控制各层挑出部位的施工荷载。

参考案例二:

脚手架工程的施工

一、脚手架方案的选择

本工程为高层电梯公寓,且为剪力墙结构,根据其平面形状及建筑高度,外架采用工字钢外挑式脚手架解决主体结构及外墙装饰用脚手架。内架采用 $\phi48 \times 3.5$ 钢管满堂红脚手架。砌筑及抹灰采用双排内脚手架。

二、外脚手架的搭设

1.工程概况

江南别院住宅工程位于江南市江南区,东邻江北大道,北靠2000亩的江南市政公园,西面是40m宽的规划道路,是目前该区范围内屈指可数的高档舍区之一。

该工程采用筏板基础,结构型式为现浇钢筋混凝土剪力墙结构,地上22+1层,建筑面积46 464.6m²,层高2.9m,总高度69m。

2. 架子搭设方案

本工程施工架以φ48×3.5焊管脚手架为主,基础至+2.85m(即二层)采用双排脚手架搭设,二层以上每七层做一次悬挑外架,悬挑高度21.50m。悬挑件采用18a工字钢,该架子在结构施工时作为防护架,在装饰施工时作为装饰架,不再另行搭设装饰架。架子根据不同部位采用相应的形式搭设,以达到安全适用。

(1)基础至+2.85 m(即二层)

基础至+2.85 m(即二层)外墙结构及装饰工程施工采用双排外脚手架。

外架的立杆纵距1.5m,立杆横距1.0m,内立杆距外立杆0.4m,水平横杆步距1.75m,扫地杆离地200mm。剪刀撑在外架上满设,剪刀撑联系3~4根立杆与地面的夹角成45°~60°;剪刀撑的两端除用旋转扣件与脚手架的立杆或大横杆扣紧外,中间还增加2~4个扣接点与之相交的立杆或大横杆扣紧。斜杆长度不够需接长时,用四个回转扣连接,两杆之间的搭接长度不小于1.0m。连墙杆设置在连梁或楼板附近等具有较好抗水平力作用的结构部位,其垂直距离不大于4m(2步),水平距离不大于6m(4跨)。外架高度必须高于操作层1.2m,并满铺架板,板端用8#圆丝扎于小横杆上,严禁出现探头板。在铺设脚手板的操作层上,要设置挡脚板,挡脚板高不得低于180mm。外架外侧必须满挂聚丙烯安全网和钢丝网进行全封闭。

(2)二层以上脚手架

二层以上外脚手架采用悬挑双排脚手架,悬挑件采用18a工字钢。其中建筑物外挑长度1.5m,建筑物内锚固长度1.5m,在每根工字钢的内锚距端头300mm处和1300mm处的楼板上预埋φ16的钢筋环(钢筋环高 h = 槽钢高 + 15mm)来稳固工字钢。在工字钢的外挑端头焊一根φ25mm,长度 L = 200mm 的钢筋,以稳固立杆。悬挑梁的悬挑层数为七层。

(3)主体内脚手架

主体结构内部施工。单层部分利用模板支撑系统,不另设脚手架。

3. 搭设方法

(1)严格遵守搭设顺序:摆放扫地杆(摆放悬挑工字钢)→逐根树立立杆并与扫地杆扣紧→装扫地小横杆并与立杆和扫地杆扣紧→装第一步大横杆并与各立杆扣紧→安装第一步小横杆→安装第二步大横杆→安装第二步小横杆→加设临时斜撑杆,上端与第二步大横杆扣紧(在装设连墙杆后拆除)→安装第三、四步大横杆和小横杆→安装连墙杆→接立杆→加设剪刀撑→铺架板→绑扎防护栏杆及挡脚板,并挂立网防护。

(2)搭设时要及时与结构拉结或采用临时支顶,以确保搭设过程中的安全,并随搭随校正杆件的垂直度和水平偏差,同时适度拧紧扣件,螺栓的根部要放正,当用力矩扳手检查,应在40~50N·m之间,最大不能超过65N·m,连接大横杆的对接扣件,开口应朝架子内侧,螺栓要向上,以防雨水进入。

(3)双排架的小横杆靠墙一端要离开墙面50~100mm,各杆件相交伸出的端头均要大于100mm,以防杆件滑脱。

(4)剪刀撑的搭设要将一根斜杆扣在立杆上,另一根扣在小横杆的伸出部分上;斜杆两端扣件与立杆节点的距离不大于200mm,最下面的斜杆与立杆的连接点离地面不大于500mm。

（5）受料平台搭设

初选受料平台支承架设计参数为：平台宽度 2.2m、长度 3.0m，横向两跨，斜支撑杆纵距 $L_a=0.8m$，横杆步距 $h=1.3m$，剪刀撑及支撑架纵向间距 $L_a=0.8m$。

4. 脚手架的验收拆除

（1）脚手架的验收方法和内容。

架子搭设和组装完毕，在投入使用前，应逐层、逐流水段，由主管工长、架子班组长和专职技安人员一起组织验收。验收时，必须有主管审批架子施工方案一级的技术和安全部门参加，并填写验收单。

验收时，要检查架子所使用的各种材料、配件、工具是否符合现行国家和部委颁布的标准、各种有关规范的规定，以及是否符合施工方案的要求。

（2）验收的具体内容。

①架子的布置：立杆、大小横杆的间距；

②架子的搭设和组装；

③连墙点或与结构固定部分是否安全可靠，剪刀撑、斜撑是否符合要求；

④架子的安全防护、安全保险装置必须有效，扣件的绑扎拧紧程度应符合规定；

⑤脚手架的起重机具、钢丝绳、吊杆的安装等必须安全可靠，脚手板的铺设应符合规定；

⑥脚手架的基础处理、作法、埋深必须正确和安全可靠。

（3）脚手架的拆除。

①架子的拆除应划分作业区，周围设围栏或警戒标志，地面设有专人指挥，严禁非作业人员入内；

②在高处拆除的作业人员，必须戴安全帽、系安全带、扎裹腿、穿软底鞋；

③拆除顺序应遵循由上而下的原则。即先拆栏杆、脚手板、剪刀撑、斜撑。后拆小横杆、大横杆、立杆等，并按"一步一清"的原则依次进行，严禁上下同时进行拆除作业；

④拆立杆时，应先抱住立杆再拆开最后两个扣，拆除大横杆、斜撑、剪刀撑时，应先拆中间扣，然后拖住中间，再解端头扣；

⑤连墙点应随拆除进度逐层拆除，拆抛撑前，应设置临时支撑，然后再拆抛撑；

⑥要统一指挥，上下呼应，动作协调，当解开与另一人有关的结扣时，应先通知对方，以防坠落；

⑦在大片架子拆除前应将预留的斜道、上料平台、通道小飞挑等先行加固，确保拆除后能够完整、安全和稳定；

⑧如附近有外电线路，要采取隔离措施，严禁架杆接触电线；

⑨不应碰坏门窗、玻璃、水落管等；

⑩拆下的材料应用绳索拴住，利用滑轮徐徐下运，严禁抛掷；运至地面的材料应放在指定地点，随拆随运，分类堆放，当天拆当天清，拆下的扣件要集中回收处理；

⑪在拆架过程中，不得中途换人，如必须换人时，应将拆除情况交代清楚后方可离开；

⑫架子拆除时应按搭设相反顺序进行。

5. 脚手架搭设注意事项

（1）连墙杆件与剪刀撑应及时设置，不得滞后超过两步；

（2）杆件端部伸出扣件之外长度不得小于 100mm；

（3）在顶排连墙件之上的架高不得多余两步，否则应每隔 6 跨设一道与建筑物的固结

措施;

(4)剪刀撑的斜杆与基本构架结构之间至少有三道连接,其中斜杆的对接或搭接接头部位至少有一道连接;

(5)周边脚手架的纵向横杆必须在角部交圈并与主杆连接固定;

(6)作业层的栏杆和挡脚板一般应设在立杆的内侧。栏杆接长亦应符合对接或搭接的相应规定;

(7)脚手架搭设完工后,必须由主管工长、架子班组长和专职技安人员一起组织验收。验收时,必须有主管审批架子施工方案一级的技术和安全部门参加,并填写验收单。

6.脚手架拆卸注意事项

拆卸作业按搭设作业的相反顺序进行,并注意:

(1)连墙件待其上部杆件拆除完毕(伸上来的主杆除外)后才能松开拆去;

(2)松开扣件的平杆件应随即撤下,不得松挂在架上;

(3)拆除长杆件时应两人协同作业,避免单人作业时发生事故;

(4)拆下的杆配件吊运至地面,不得向下抛掷;

(5)高空作业必须系安全带。

(6)脚手架拆除后,必须由主管工长、架子班组长和专职技安人员一起组织验收。验收时,必须有主管审批架子施工方案一级的技术和安全部门参加,并填写验收单。

三、脚手架搭设的基本要求

(1)脚手架搭设期间,应严格对钢管和扣件进行筛选,不得采用严重锈蚀、薄壁严重弯曲及裂变的杆件,严禁采用有焊接接头的钢管作为主要受力杆件。

(2)搭设外脚手架采用的场地必须分层夯实平整,下垫槽钢或架板并架设扫抛杆,以加强外架的整体性,以避免或减少架子产生不均匀沉降。同时,在外架四周设排水沟,以防地基沉陷而引起架子下沉。

(3)大横杆与立杆的交点处必须设置小横杆与大横杆卡牢,整个架子设置支撑和连墙点作为拉结,保证脚手架成为一个稳固的整体结构,结构按竖向×横向=层高×4.5m范围设置拉结点,按规范要求进行脚手架的搭设操作。

(4)外脚手架的搭设,应沿建筑物周围连续封闭搭设。

(5)有错层的楼层施工时,脚手架的底部应放置在梁的位置上,立杆底部应设置垫板,禁止将脚手架的底部放置在板上进行搭设,以确保架体的安全。

(6)结构施工时,梁板脚手架采用满堂脚手架。

四、脚手架的搭设参数

(1)结构杆件搭设参数:结构施工用内架采用满堂红脚手架,架子的立杆纵、横间距均为1.5m,步距为1.5m,水平横杆间距为1.3m,扫地杆离地200mm。

(2)外脚手架与主体结构的连接:施工用的脚手架与主体连接可采取刚性连接,连接点设置在横向间距为纵×横=层高×4.5m处。

(3)外脚手架剪刀撑的设置:该建筑物脚手架应在其外侧设置纵向支撑(剪刀撑),剪刀撑要在每片墙的两端设置,中间每隔12~15m设一道,且剪刀撑应联系3~4根立杆,与地面夹角成45°~60°;剪刀撑应沿架高连续设置,并在相邻两道剪刀撑之间,沿竖向每隔10~15m高加设一组长剪刀撑,并要将各道剪刀撑联结成整体,剪刀撑的两端除用旋转扣件与脚手架的立杆扣紧外,中间还要增加2~4个扣接点,与之相交的立杆或大横杆扣紧。

(4) 外脚手架架体的防护设置：该工程在防护外架的外立杆内满挂密目的安全网，安全网与外架大横杆拴牢、拴平直。外架在操作面上设周转木架板，外架与外墙面间的空隙，在楼层面处设水平安全网，以防止楼层物体下落。

(5) 安全防护的设置：出入口的通道处的长度内，设置 2.5m 宽通长水平防护架，防护架围栏高 1.2m，外挂密目安全网，以防止物体外坠伤人，水平防护架内满铺架板，围栏上挂密目安全网作为安全防护。

五、架子搭设构造要求

1. 水平杆的构造要求

(1) 纵向水平杆的构造要求。

纵向水平杆设置在立杆内侧，其长度不宜小于 3 跨。纵向水平杆接长宜采用对接扣件连接，也可采用搭接。两根相邻纵向水平杆的接头不宜设置在同步或同跨内。不同步或不同跨两个相邻接头在水平方向错开的距离不应小于 500mm；各接头中心至最近主节点的距离不宜大于纵距的 1/3。搭接长度不应小于 1m，应等间距设置 3 个旋转上扣件固定，端部扣件盖板边缘至搭接纵向水平杆杆端的距离不应小于 100mm。

(2) 横向水平杆的构造要求。

主节点必须设置一根横向水平杆，用直角扣件扣接且严禁拆除。主节点处两个直角扣件的中心距不应大于 150mm。在双排脚手架中，靠墙一端的外伸长度不应大于 0.4L，且不宜大于 500mm。

作业层非主节点处的横向水平杆宜根据支承脚手板的需要等距离设置，最小间距不应大于纵距的 1/2。

当采用木脚手板时，双排脚手架的横向水平杆两端均采用直角扣件固定在纵向水平杆上。

(3) 脚手板的设置应符合的规定。

①作业层脚手板应铺满、铺稳，离开墙面 120～150mm。

②木脚手板应设置在三根横向水平杆上。脚手板对接平铺时，接头处必须设两根横向水平杆。脚手板搭接铺设时，接头必须支撑在横向水平杆上，搭接长度应大于 200mm，其伸出横向水平杆的长度不应大于 100mm。

2. 立杆、连墙（柱）件的构造要求

(1) 每根立杆底部应设置底座或垫板。

(2) 脚手架必须设置纵横向地杆。纵向扫地杆应采用直角扣件固定在距底座上皮不大于 200mm 处的立杆上。横向扫地杆亦采用直角扣件固定在紧靠纵向扫地杆下方的立杆上。

(3) 脚手架底层步距为 1.75m。

(4) 立杆接长除顶层顶步可采用搭接外，其余各层各步接头必须采用对接扣件连接。

①立杆上的对接扣件应交错布置，两根相邻立杆的接头不应设置在同步内，同步内隔一根立杆的两个相隔接头，在高度方向错开的距离不宜小于 500mm；各接头中心至主节点的距离不宜大于步距的 1/3。

②搭接长度不应小于 1m，应采用不少于 2 个旋转扣件固定，端部扣件盖板的边缘至杆端距离不应大于 100mm。

③立杆顶端高出女儿墙上皮 1m，高出檐口上皮 1.5m。

(5) 连墙（柱）件数量竖向间距不大于 3h，水平间距不大于 $3l_a$，每根连墙件覆盖面积 ≤ 40m²（h 为步距，l_a 为纵距）。

（6）连墙体中的连墙杆或拉筋应符合如下规定：

①连墙件中的连墙杆或拉筋宜呈水平设置，当不能水平设置时，与脚手架连接的一端应下斜连接，不应采用上斜连接。

②连墙件必须采用可承受拉力和压力的构造。采用拉筋必须配用顶撑。顶撑可靠地顶在梁、柱等结构部位。拉筋应采用两根以上直径4mm的钢丝拧成一股，使用时不应少于2股，亦可采用直径不小于6mm的钢筋。

③当脚手架下部暂不能设连墙件时可搭设抛撑。抛撑应采用通长杆件与脚手架可靠连接，与地面的倾角应在45°~60°之间，连接点中心至主节点的距离不应大于300mm。抛撑在连墙件搭设后方可拆除。

3.剪刀撑与横向斜撑

双排脚手架应设剪刀撑和横向斜撑。

（1）剪刀撑的设置应符合表2-7规定：

剪刀撑设置规定   表2-7

剪刀撑斜杆与地面的倾角	45°	50°	60°
剪刀撑跨越立杆的最多根数	7	6	5

①每道剪刀撑跨越立杆的根数每道剪刀撑宽度不应小于4跨，且不应小于6m，斜杆与地面的倾角宜在45°~60°之间。

②高度在24m以上的双排脚手架应在外侧立面的两端各设置一道剪刀撑，并应由底至顶连续设置；中间各道剪刀撑之间的净距不应大于15m。

③高度在24m以上的排脚手架应在外侧立面整个长度和高度上连续设置剪刀撑。

（2）横向斜撑的设置应符合下列规定：

①横向斜撑应在同一节间，由底至顶层呈之字形连续布置。

②高度在24m以下的封闭型双排脚手架可不设横向斜撑，高度在24m以上的封闭型脚手架除拐角应设置横向斜撑外，中间应每隔6跨设置一道。

六、脚手架搭设及质量安全要求

1.搭设方法

（1）地基处理应牢固可靠，垫木应铺设平稳，不能有悬空，脚手杆底座应用钉子钉牢在垫木上，双立杆脚手架应使用双杆底座或加设10号槽钢，将立杆焊于槽钢上。

（2）严格遵守搭设顺序：摆放扫地杆→逐根竖立立杆并与扫地杆扣紧→装扫地小横杆并与立杆和扫地杆扣紧→装第一步大横杆并与各立杆扣紧→安装第一步小横杆→安装第二步大横杆→安装第二步小横杆→加设临时斜撑杆，上端与第二步大横杆扣紧（在装设连墙杆后拆除）→安装第三、四步大横杆和小横杆→安装连墙杆→接立杆→加设剪刀撑→铺木脚手板→绑扎防护栏杆及挡脚板，并挂立网防护。

（3）搭设时要及时与结构拉结，或采用临时支顶，以便确保搭设过程中的安全，并随搭随校正杆件的垂直度和水平偏差，同时适度拧紧扣件，螺栓的根部要放正，当用力矩扳手检查，应在45~50N·m之间，最大不能超过65N·m，连接大横杆的对接扣件，开口应朝架子内侧，螺栓要向上，以防雨水进入。

（4）双排架的小横杆靠墙一端要离开墙面50~100mm，各杆件相交伸出的端头，均要大于100mm，以防杆件滑脱。

（5）剪刀撑的搭设要将一根斜杆扣在立杆上，另一根扣在小横杆的伸出部分上；斜杆两端扣件与立杆节点的距离不大于200mm。最下面的斜杆与立杆的连接点离地面不大于500mm。

2.脚手架搭设的质量及安全要求

（1）立杆垂直偏差：纵向偏差不大于$H/200$；且不大于100mm，横向偏差不大于$H/400$，且不大于50mm（H为架高）。

（2）纵向水平杆水平偏差不大于总长度的1/300，且不大于20mm，横向水平杆水平偏差不大于10mm。

（3）扣件紧固力矩定在45～55N·m范围内，不得低于45N·m或高于65N·m。

（4）连墙点的数量、位置要正确，连接牢固，无松动现象。

（5）操作层脚手板的铺设应满铺、铺稳，离开墙面120～150mm，脚手板对接铺设时，接头处设置两根横向水平杆，不允许有接头板，脚手板挑出长度不宜超过150mm。

（6）脚手架外侧满挂聚氯乙烯密目防火安全网，进行全封闭施工。

（7）脚手架搭设应进行书面安全技术交底，搭设完毕后应检查验收合格后，方可投入使用。

（8）外架搭设必须满足施工操作要求和安全防护的需要，外架的防护栏高设置为1200mm。

（9）架子不得超负荷使用，严禁在架上集中堆放材料，人员不得集中停留，架子受荷应均衡分布，架上施工荷载应控制在270kg/m²以内。

（10）架子在使用期间，应经常检查，强风、雨、雪后应检查，以确保架子使用安全。

3.脚手架的验收

（1）验收方法。

①架子搭设完毕，在投入使用前，应逐层、逐流水段，由主管工长、架子班组长和专职技安人员一起组织验收。验收时，必须有主管审批架子施工方案一级的技术和安全部门参加，并填写验收单。

②验收时，要检查架子所有使用的各种材料、配件、工具是否符合现行国家和地方标准、各有关规范的规定，以及是否符合施工方案的要求。

（2）验收内容。

①架子的布置，立杆、大、小横杆间距。

②架子的搭设，包括工具架起重点的选择。

③连墙点或与结构固定部分是否安全可靠；剪刀撑、斜撑是否符合要求。

④架子的安全防护；安全防护装置必须有效；扣件和绑扎拧紧程度应符合规定。

⑤脚手架的起重机具、钢丝绳、吊杆的安装等，必须安全可靠，脚手板的铺设应符合规定。

⑥脚手架基础处理、做法必须正确和安全。

参考案例三：
悬挑式扣件钢管脚手架计算书

钢管脚手架的计算参照《建筑施工扣件式钢管脚手架安全技术规范》（JGJ 130—2001）。

计算的脚手架为双排脚手架，搭设高度为21.5m，立杆采用单立管。

搭设尺寸为：立杆的纵距1.75m，立杆的横距1.00m，立杆的步距1.75m。

采用的钢管类型为$\phi48\times3.5$。

连墙件采用 2 步 3 跨,竖向间距 3.50m,水平间距 5.25m。

施工均布荷载为 3.0kN/m²,同时施工 3 层,脚手板共铺设 3 层。

悬挑水平钢梁采用 18 号工字钢,其中建筑物外悬挑段长度 1.50m,建筑物内锚固段长度 1.50m。

悬挑水平钢梁采用悬臂式结构,没有钢丝绳或支杆与建筑物拉结。

一、小横杆的计算

小横杆按照简支梁进行强度和挠度计算,小横杆在大横杆的上面。

按照小横杆上面的脚手板和活荷载作为均布荷载计算小横杆的最大弯矩和变形。

1. 均布荷载值计算(图 2-20)。

小横杆的自重标准值 $P_1 = 0.038$kN/m

脚手板的荷载标准值 $P_2 = 0.350 \times 1.750/1 = 0.613$kN/m

活荷载标准值 $Q = 3.000 \times 1.750/1 = 5.250$kN/m

荷载的计算值 $q = 1.2 \times 0.038 + 1.2 \times 0.613 + 1.4 \times 5.250 = 8.131$kN/m

2. 抗弯强度计算

最大弯矩考虑为简支梁均布荷载作用下的弯

矩,计算公式如下:

$$M_{qmax} = ql^2/8$$

所以:

$$M = 8.131 \times 1.000^2/8 = 1.016 \text{kN} \cdot \text{m}$$

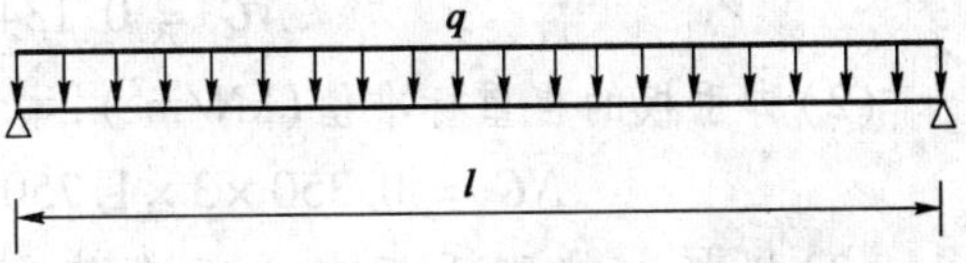

图 2-20 小横杆计算简图

$$\sigma = 1.016 \times \frac{10^6}{5080.0} = 200.076 \text{N/mm}^2$$

小横杆的计算强度小于 205.0N/mm²,满足要求!

3. 挠度计算

最大挠度考虑为简支梁均布荷载作用下的挠度,计算公式如下:

$$V_{qmax} = \frac{5ql^4}{384EI}$$

荷载标准值 $q = 0.038 + 0.613 + 5.250 = 5.901$kN/m

简支梁均布荷载作用下的最大挠度

$$V = 5.0 \times 5.901 \times 1000.0^4/(384 \times 2.06 \times 10^5 \times 121900.0) = 3.060 \text{mm}$$

小横杆的最大挠度小于 $\frac{1000.0}{150}$ 与 10mm,满足要求!

二、大横杆的计算

大横杆按照三跨连续梁进行强度和挠度计算,但没有小横杆直接作用在大横杆的上面,无需计算。

三、扣件抗滑力的计算

纵向或横向水平杆与立杆连接时,扣件的抗滑承载力按照下式计算(规范 5.2.5 节):

$$R \leq R_c$$

式中:R_c——扣件抗滑承载力设计值,取 8.0kN;

R——纵向或横向水平杆传给立杆的竖向作用力设计值。

荷载值计算：

横杆的自重标准值 $P_1 = 0.038 \times 1.750 = 0.067\text{kN}$

脚手板的荷载标准值 $P_2 = 0.350 \times 1.000 \times 1.750/2 = 0.306\text{kN}$

活荷载标准值 $Q = 3.000 \times 1.000 \times 1.750/2 = 2.625\text{kN}$

荷载的计算值 $R = 1.2 \times 0.067 + 1.2 \times 0.306 + 1.4 \times 2.625 = 4.123\text{kN}$

单扣件抗滑承载力的设计计算满足要求！

当直角扣件的拧紧力矩达 $40 \sim 65\text{N} \cdot \text{m}$ 时，试验表明：单扣件在 12kN 的荷载下会滑动，其抗滑承载力可取 8.0kN；

双扣件在 20kN 的荷载下会滑动，其抗滑承载力可取 12.0kN；

四、脚手架荷载标准值

作用于脚手架的荷载包括静荷载、活荷载和风荷载。

静荷载标准值包括以下内容：

（1）每米立杆承受的结构自重标准值（kN/m）；本例为 $0.133\,7\text{kN/m}$。

$$NG_1 = 0.134 \times 21.500 = 2.875\text{kN}$$

（2）脚手板的自重标准值（kN/m²）；本例采用木脚手板，标准值为 0.35kN/m^2。

$$NG_2 = 0.350 \times 3 \times 1.750 \times (1.000 + 0.300)/2 = 1.194\text{kN}$$

（3）栏杆与挡脚手板自重标准值（kN/m）；本例采用栏杆、木脚手板挡板，标准值为 0.14kN/m。

$$NG_3 = 0.140 \times 1.750 \times 3/2 = 0.368\text{kN}$$

（4）吊挂的安全设施荷载（kN/m²），包括安全网；本例为 0.005kN/m^2。

$$NG_4 = 0.005 \times 1.750 \times 21.500 = 0.188\text{kN}$$

经计算得到，静荷载标准值 $NG = NG_1 + NG_2 + NG_3 + NG_4 = 4.625\text{kN}$。

活荷载为施工荷载标准值产生的轴向力总和，内、外立杆按一纵距内施工荷载总和的 1/2 取值。

经计算得到，活荷载标准值：

$$NQ = 3.000 \times 3 \times 1.750 \times 1.000/2 = 7.875\text{kN}$$

风荷载标准值应按照下式计算：

$$W_k = 0.7 U_z U_s W_0$$

式中：W_0——基本风压（kN/m²），按照《建筑结构荷载规范》（GB 50009—2001）的规定采用：$W_0 = 0.300$；

U_z——风荷载高度变化系数，按照《建筑结构荷载规范》（GB 50009—2001）的规定采用：$U_z = 1.420$；

U_s——风荷载体型系数：$U_s = 0.100$。

经计算得到，风荷载标准值 $W_k = 0.7 \times 0.300 \times 1.420 \times 0.100 = 0.030\text{kN/m}^2$。

考虑风荷载时，立杆的轴向压力设计值按下式计算：

$$N = 1.2NG + 0.85 \times 1.4NQ$$

风荷载设计值产生的立杆段弯矩 M_w 按下式计算：

$$M_w = 0.85 \times 1.4 W_k l_a h^2/10$$

式中：W_k——风荷载基本风压标准值（kN/m²）；

l_a——立杆的纵距（m）；

h——立杆的步距（m）。

五、立杆的稳定性计算

（1）不考虑风荷载时，立杆的稳定性按下式计算：

$$\sigma = \frac{N}{\phi A} \leqslant [f]$$

式中：N——立杆的轴心压力设计值，$N = 16.57\text{kN}$；

ϕ——轴心受压立杆的稳定系数，由长细比 l_0/i 的结果查表得 $\phi = 0.20$；

i——计算立杆的截面回转半径，$i = 1.58\text{cm}$；

l_0——计算长度（m），由公式 $l_0 = kuh$ 确定，$l_0 = 3.03\text{m}$；

k——计算长度附加系数，取 1.155；

u——计算长度系数，由脚手架的高度确定，$u = 1.50$；

A——立杆净截面面积，$A = 4.89\text{cm}^2$；

W——立杆净截面模量（抵抗矩），$W = 5.08\text{cm}^3$；

σ——钢管立杆受压强度计算值（N/mm²），经计算得到 $\sigma = 171.96\text{N/mm}^2$；

$[f]$——钢管立杆抗压强度设计值，$[f] = 205.00\text{N/mm}^2$。

不考虑风荷载时，立杆的稳定性计算 $\sigma < [f]$，满足要求！

（2）考虑风荷载时，立杆的稳定性按下式计算：

$$\sigma = \frac{N}{\phi A} + \frac{M_w}{W} \leqslant [f]$$

式中：N——立杆的轴心压力设计值，$N = 14.92\text{kN}$；

ϕ——轴心受压立杆的稳定系数，由长细比 l_0/i 的结果查表得 $\phi = 0.20$；

i——计算立杆的截面回转半径，$i = 1.58\text{cm}$；

l_0——计算长度（m），由公式 $l_0 = kuh$ 确定，$l_0 = 3.03\text{m}$；

k——计算长度附加系数，取 1.155；

u——计算长度系数，由脚手架的高度确定；$u = 1.50$；

A——立杆净截面面积，$A = 4.89\text{cm}^2$；

W——立杆净截面模量（抵抗矩），$W = 5.08\text{cm}^3$；

M_w——计算立杆段由风荷载设计值产生的弯矩，$M_w = 0.019\text{kN} \cdot \text{m}$；

σ——钢管立杆受压强度计算值（N/mm²），经计算得到 $\sigma = 158.54\text{N/mm}^2$；

$[f]$——钢管立杆抗压强度设计值，$[f] = 205.00\text{N/mm}^2$。

考虑风荷载时，立杆的稳定性计算 $\sigma < [f]$，满足要求！

六、连墙件的计算

连墙件的轴向力计算值应按照下式计算：

$$N_1 = N_{1w} + N_0$$

式中：N_{1w}——风荷载产生的连墙件轴向力设计值（kN），应按照下式计算：

$$N_{1w} = 1.4W_k A_w$$

W_k——风荷载基本风压标准值，$W_k = 0.030\text{kN/m}^2$；

A_w——每个连墙件的覆盖面积内脚手架外侧的迎风面积，$A_w = 3.50 \times 5.25 = 18.375\text{m}^2$；

N_0——连墙件约束脚手架平面外变形所产生的轴向力（kN），$N_0 = 5.000$。

经计算得到 $N_{1w} = 0.767$kN，连墙件轴向力计算值 $N_1 = 5.767$kN。

连墙件轴向力设计值按下式计算：

$$N_f = \phi A [f]$$

式中：ϕ——轴心受压立杆的稳定系数，由长细比 l/i

$= 30.00/1.58$ 的结果查表得 $\phi = 0.95$。

$A = 4.89$cm^2；$[f] = 205.00$N/mm^2

经过计算得到 $N_f = 95.411$kN

$N_f > N_1$，连墙件的设计计算满足要求！

连墙件采用扣件与墙体连接，参见图 2-21。

经过计算得到 $N_1 = 5.767$kN，小于扣件的抗滑力 8.0kN，满足要求！

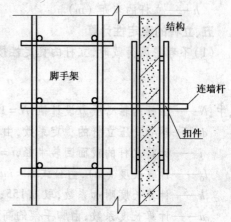

图 2-21　连墙件扣件连接示意图

七、悬挑梁的受力计算

悬挑脚手架按照带悬臂的单跨梁计算，参见图 2-22。

悬出端 C 受脚手架荷载 N 的作用，里端 B 为与楼板的锚固点，A 为墙支点。

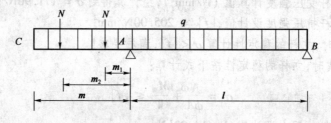

图 2-22　悬臂单跨梁计算简图

支座反力按下式计算：

$$R_A = N(2 + k_2 + k_1) + \frac{ql}{2}(1 + k)^2$$

$$R_B = -N(k_2 + k_1) + \frac{ql}{2}(1 - k^2)$$

支座弯矩按下式计算

$$M_A = -N(m_2 + m_1) - \frac{qm^2}{2}$$

C 点最大挠度按下式计算：

$$V_{max} = \frac{Nm_2^2 l}{3EI}(1 + k_2) + \frac{Nm_1^2 l}{3EI}(1 + k_1) + \frac{ml}{3EI} \cdot \frac{ql^2}{8}(-1 + 4k^2 + 3k^3)$$

式中：$k = m/l, k_1 = m_1/l, k_2 = m_2/l$。

本工程算例中，$m = 1 500$mm，$l = 1 500$mm，$m_1 = 300$mm，$m_2 = 1 300$mm；

水平支撑梁的截面惯性矩 $I = 1 660.00$cm^4，截面模量（抵抗矩）$W = 185.00$cm^3。

受脚手架作用集中强度计算荷载：

$$N = 1.2 \times 4.63 + 1.4 \times 7.88 = 16.57\text{kN}$$

水平钢梁自重强度计算荷载：

$$q = 1.2 \times 30.60 \times 0.0001 \times 7.85 \times 10 = 0.29\text{kN/m}$$

$$k = 1.50/1.50 = 1.00$$

50

$$k_1 = 0.30/1.50 = 0.20$$
$$k_2 = 1.30/1.50 = 0.87$$

代入公式,经过计算得到

支座反力:$R_A = 51.693\text{kN}$

支座反力:$R_B = -17.679\text{kN}$

最大弯矩:$M_A = 26.843\text{kN} \cdot \text{m}$

抗弯计算强度:
$$f = 26.843 \times 10^6/(1.05 \times 185000.0) = 138.190\text{N/mm}^2$$

水平支撑梁的抗弯计算强度小于 205.0N/mm^2,满足要求!

受脚手架作用集中计算荷载:$N = 4.63 + 7.88 = 12.50\text{kN}$

水平钢梁自重计算荷载:$q = 30.60 \times 0.0001 \times 7.85 \times 10 = 0.24\text{kN/m}$

最大挠度 $V_{max} = 6.052\text{mm}$

按照《钢结构设计规范》(GB 50017—2003)附录 A 结构变形规定,受弯构件的跨度对悬臂梁为悬伸长度的两倍,即 3 000.0mm。

水平支撑梁的最大挠度小于 3 000.0/400,满足要求!

八、悬挑梁的整体稳定性计算

水平钢梁采用 18 号工字钢,按下式计算:
$$\sigma = \frac{M}{\phi_b W_x} \leq [f]$$

式中:ϕ_b——均匀弯曲的受弯构件整体稳定系数,查表《钢结构设计规范》(GB 50017—2003)附录 B 得到:
$$\phi_b = 1.58$$

由于 ϕ_b 大于 0.6,按照《钢结构设计规范》(GB 50017—2003)附录 B 其值用 ϕ_b' 查表得到其值为 0.892。

经过计算得到强度:
$$\sigma = 26.84 \times 10^6/(0.892 \times 185\,000.00) = 162.76\text{N/mm}^2;$$

水平钢梁的稳定性计算 $\sigma < [f]$,满足要求!

九、锚固段与楼板连接的计算

(1)水平钢梁与楼板压点如果采用钢筋拉环,拉环强度计算如下:

水平钢梁与楼板压点的拉环受力 $R = 17.679\text{kN}$

水平钢梁与楼板压点的拉环强度按下式计算:
$$\sigma = \frac{N}{A} \leq [f]$$

其中:$[f]$ 为拉环钢筋抗拉强度,每个拉环按照两个截面计算,按照《混凝土结构设计规范》10.9.8 节,$[f] = 50\text{N/mm}^2$;

所需要的水平钢梁与楼板压点的拉环最小直径
$$D = [17679 \times 4/(3.1416 \times 50 \times 2)]^{1/2} = 16\text{mm}$$

水平钢梁与楼板压点的拉环一定要压在楼板下层钢筋下面,并要保证两侧 30cm 以上搭接长度。

(2)水平钢梁与楼板压点如果采用螺栓,螺栓黏结力锚固强度计算如下:

锚固深度按下式计算：

$$h \geq \frac{N}{\pi d[f_b]}$$

式中：N——锚固力，即作用于楼板螺栓的轴向拉力，$N = 17.68\text{kN}$；

$\quad\quad d$——楼板螺栓的直径，$d = 20\text{mm}$；

$\quad\quad [f_b]$——楼板螺栓与混凝土的容许黏接强度，计算中取 1.5N/mm^2；

$\quad\quad h$——楼板螺栓在混凝土楼板内的锚固深度，经过计算得到 h 值要大于 17679.42/

$\quad\quad\quad (3.1416 \times 20 \times 1.5) = 187.6\text{mm}$。

（3）水平钢梁与楼板压点如果采用螺栓，混凝土局部承压计算如下：

混凝土局部承压的螺栓拉力要满足下式：

$$N \leq \left(b^2 - \frac{\pi d^2}{4} \right) f_{cc}$$

式中：N——锚固力，即作用于楼板螺栓的轴向拉力，$N = 17.68\text{kN}$；

$\quad\quad d$——楼板螺栓的直径，$d = 20\text{mm}$；

$\quad\quad b$——楼板内的螺栓锚板边长，$b = 5d = 100\text{mm}$；

$\quad\quad f_{cc}$——混凝土的局部挤压强度设计值，计算中取 $0.95 f_c = 13.59\text{N/mm}^2$；

经过计算得到以上公式右边等于 131.6kN，故楼板混凝土局部承压计算满足要求！

学习情境三 钢 筋 施 工

任 务 一 钢 筋 的 焊 接

一、任务描述

现有某住宅楼施工项目,施工项目部准备开始钢筋焊接施工,施工前要编制钢筋焊接施工方案,准备相关设施,作为该工作参加人员,该进行哪些工作。任务前提:(1)技术已交底;(2)施工项目的情况已提供;(3)钢筋工程相关知识技能已具备;(4)按工作小组进行任务分工;(5)规定该项工作开始和完成的时间;(6)完成任务需要的设施、资料等。

参见附件一:某住宅楼施工项目工程概况。

二、学习目标

通过本学习任务的学习,你应当能:

(1)描述建筑工程钢筋焊接施工的工作内容和钢筋焊接施工的工作流程;

(2)编制钢筋焊接施工方案,掌握钢筋焊接施工工作要点;

(3)按照正确的方法和途径,收集整理钢筋焊接施工资料;

(4)按照钢筋焊接施工的要求和工作时间限定,准备钢筋焊接施工材料和设备;

(5)按照单位施工项目管理流程,完成对钢筋焊接施工方案的审核。

三、内容结构

按照钢筋施工工作的内容、程序,结合本项目的实际情况,将钢筋施工工作内容进行归纳,见图3-1。

四、任务实施

(一)项目引入

任务开始时,由老师发放该项目相关资料,详见附件一、附件二、附件三。学生了解本次任务需要解决的问题,参见图3-2,图3-3。

(二)学习准备

引导问题 根据所给项目资料,要完成任务需要哪些方面的知识?

1. 钢筋焊接施工的要点有哪些?

结合前期所学钢筋工程的有关知识和训练,总结归纳钢筋焊接施工要点。

提示:主要依据施工规范和钢筋焊接施工方案及图纸。

2. 查阅资料,回答下列问题:

(1)钢筋焊接的类型有哪些? 各自的特点是什么?

提示:区分各种钢筋焊接方法的适用条件,参见图3-4。

执行规范如下：

钢筋焊接及验收规程（JGJ 18—2003）；

工程建设施工现场焊接目视检验标准（CECS 71—94）。

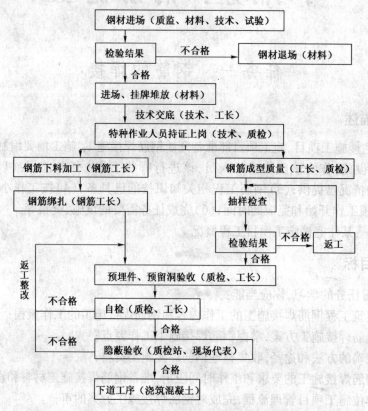

图 3-1　钢筋工程施工工艺质量控制图

图 3-2　钢筋工程施工现场图

（2）钢筋焊接施工要点是什么？

提示：按照设计要求和施工规范及钢筋焊接施工方案等，总结归纳，参见图 3-5。

（3）钢筋焊接施工作业人员有哪些特殊要求？

3.根据项目资料，钢筋焊接需要分析考虑的问题有哪些？

图 3-3 钢筋工程施工现场图

图 3-4 钢筋工程施工现场图

图 3-5 钢筋工程施工现场图

提示:钢筋焊接注意事项,参见本任务参考案例一第三项注意事项。

(三)钢筋焊接施工方案的编写

引导问题 如何进行钢筋焊接施工方案的编制?

1.方案编制的依据是什么?

2.方案编制包括哪些内容?

根据所给工程资料,请你描述钢筋焊接施工方案的编制内容。

3.编写钢筋焊接施工方案。

目的:巩固加强钢筋工程的所学知识。

(四)钢筋焊接施工方案的审核

引导问题 如何进行钢筋焊接施工方案的审核?

1.资料收集

检查此次需准备资料是否齐全,见表3-1。

资料准备情况检查表 表3-1

资 料 清 单	完 成 时 间	责 任 人	任务完成则划"√"
			☐
			☐
			☐
			☐
			☐
			☐
			☐

2.方案审核

依据实际情况和施工方案的内容,做以下工作:

(1)对照项目资料审核方案的合理性,如不满足要求,应如何处理?

(2)结合项目情况和单位的实际情况,检查分析方案的针对性和可操作性,如不符合,应如何处理?

3.修改和完善方案

(五)钢筋焊接施工的质量、安全控制

引导问题 如何进行施工质量控制?

1.质量、安全控制的流程和规定是什么?

2.质量、安全控制的内容和方法是什么?

3.方案不合格的修改和处理:

(1)方案如何修改?由谁修改?修改后是否还需要重新审核?

(2)方案修改和完善的质量和时间如何控制?

提示:

①严格依照施工管理的规定和流程执行,做好审核记录,便于检查。

②依照"谁做资料由谁修改"的原则修改,并需要重新审核。

③严格控制修改资料的时间和质量,并重新整理和汇总,注意不要混淆新旧资料。

（六）评价与反馈

1.学生自我评价。

（1）此次编写钢筋焊接施工方案是否符合项目施工要求？若不符合，请列出原因和存在的问题，并提出相应的解决方法。

（2）你认为还需加强哪些方面的指导（实际工作过程及理论知识）？

2.学习工作过程评价表（表3-2）。

任务评分表

表3-2

考 核 项 目	分　数			学生自评	小组互评	教师评价	小　计
	合格	良	优				
方案的完整性审查	1	3	5				
方案的合理性、可操作性审查	6	8	10				
总　　计	7	11	15				
教师签字：				年　月　日		得　分	

参考案例一：

焊 接 方 案

钢筋工程作为建筑施工中最重要的隐蔽工程之一，其施工质量的好坏直接影响到整个工程最终的效果，决定工程品质。而钢筋工程中，焊接又属于关键特殊过程之一，对钢筋工程至关重要，此过程控制必须严格按照《质量职业健康安全环境管理体系》文件要求实施，考虑到其重要性，故采取如表3-3所示的保障措施加以控制。

设计钢筋及对应焊条表

表3-3

名　　称	编　　号	符　　号	对 应 焊 条
I 级钢	HPB235	φ	E43 型
II 级钢	HRB335	Φ	E50 型
III 级钢	HRB400	Φ	E55 型
冷扎带肋钢	HRB550	ϕ^b	不允许焊接

一、人员配置

（1）派专职钢筋工长进行钢筋焊接的管理和监控；

（2）质检员对焊接接头进行全数检查；

（3）焊工必须持有焊工上岗证；

（4）焊工施焊前，必须进行试焊，试焊合格后，方能进行正式的施焊工作。

二、材料

（1）进场的原材料必须有合格证，且须抽样检验合格后方能使用；

（2）预埋件接头、熔槽绑条焊接头和坡口焊接头中的钢板和型钢，宜采用低熔钢或合金钢；

（3）电弧焊采用的焊条，应符合现行国家标准《熔钢焊条》（GB/T 5117—95）或《低合金钢焊条》（GB/T 5118—95）的规定；

（4）凡施焊的各种钢筋、钢板均应有质量证明书；焊条、焊剂应有产品合格证；

（5）各种焊接材料必须分类存放，妥善管理，应采取防止锈蚀、受潮变质的措施；

（6）氧气的质量必须符合现行国家标准《工业用氧》（GB/T 3563）的规定，其纯度应大于或等于99.5%；

（7）乙炔的质量应符合现行国家标准《溶解乙炔》（GB 6819—95）的规定，其纯度应大于98.0%。

三、注意事项

（1）电渣压力焊用于柱、墙竖向受力钢筋的连接，不得在竖向焊接后横置于梁、板等构件中作水平钢筋用；

（2）在工程开工正式焊接前，焊工必须进行现场条件下的焊接工艺试验，并经试验合格后，方可正式施焊；

（3）焊工施焊前，须清除钢筋焊接部位以及钢筋与电板接触表面的锈斑、油污、杂物等；当钢筋端部有弯折、扭曲时，须予以矫直或切除；

（4）带肋钢筋进行闪光对焊、电弧焊、电渣压力焊时，须将纵肋对纵肋安放和焊接；

（5）焊剂须存放在干燥的库房内，当受潮时，在使用前应经250~300℃烘熔2h；

（6）闪光对焊时，须采用预热闪光焊，可增加调伸长度，采用较低变压级表，增加预热次数和间歇时间；

（7）雨天停止露天焊接作业，如果确需焊接作业应采取遮雨措施，并要求电焊工穿绝缘鞋；

（8）HRB400钢筋闪光对焊时，应减小调伸长度，提高快热快冷条件，使热影响区长度控制在钢筋直径的0.6倍范围内；

（9）电渣压力焊夹具的上下钳口应夹紧于上、下钢筋上，且上下两钢筋在一条直线上；钢筋一经夹紧，不得晃动，接头焊毕，应稍作停歇，方可回收焊剂和卸下焊接夹具；敲去渣壳后，四周焊包凸出钢筋表面的高度不得小于4mm；

（10）在焊接生产中，焊工必须进行自检，当发现偏心、弯折、烧伤等焊接缺陷时，要查找原因和采取措施，及时清除、整改。

四、质量要求

闪光对焊取样标准：在同一台班内，由同一焊工完成的300个同牌号、同直径钢筋焊接接头应作一批。当同一台班内焊接的接头数量较少，可在同一周内累计计算；累计仍不足300个接头时，应按一批计算；力学性能检验时，应从当批接头中随机切取6个接头，其中3个做拉伸试验，3个做弯曲试验。

电渣压力焊取样标准：应在不超过二楼层中300个同牌号钢筋接头作为一批，当不足300个接头时，仍应作为一批；力学性能检验时，应从当批接头中随机切取3个接头做拉伸试验。

对闪光对焊和电渣压力焊：（1）接头处不得有横向裂纹；（2）与电极接触处的钢筋表面不得有明显烧伤；（3）接头处的弯折角不得大于3°；（4）接头处的轴线偏移不得大于钢筋直径的0.1倍，且不得大于2mm。

窄间隙焊取样标准：应在不超过二楼层中300个同牌号钢筋接头作为一批，当不足300个接头时，仍应作为一批；力学性能检验时，应从当批接头中随机切取3个接头做拉伸试验，当在同一批中若有几种不同直径的钢筋焊接接头，应在最大直径钢筋接头中切取3个试件做拉伸试验。

窄间隙焊质量要求：（1）焊缝表面应平整，不得有凹陷或焊瘤；（2）焊接接头区域不得有肉眼可见的裂缝;(3)咬边深度、气孔、夹渣等缺陷允许值及接头尺寸的允许偏差,符合规范要求。

五、安全注意事项

(1)焊接电源的控制装置必须是独立的,且容易符合电源要求,如熔断器或自动断电装置等,控制装置应能可靠地切断设备最大额定电流,以保证安全;

(2)焊机的所有外露带电部分,必须有完好的隔离防护装置,焊机的接线柱、极板和接线端应有防护罩;

(3)焊机的线圈和线路带电部分对外壳和对地之间、焊接变压器的一次线圈和二次线圈之间、相与相及线与线之间,都必须符合绝缘标准要求,其电阻值不得小于 $1M\Omega$;

(4)焊机的结构,必须牢固和便于维修,焊机各接触点和连接件应连接牢固,不得松动;

(5)焊机必须有保护接地线;

(6)焊钳和焊枪有良好的绝缘性能和隔热性能;

(7)焊钳和焊枪与电缆的连接必须简单牢靠,连接处不得外露,以防触电;

(8)严禁利用金属结构、管道或其他金属搭接起来作为导线使用;

(9)不得将焊接电缆放在电弧附近或炽热的焊缝金属旁,以免烧坏绝缘层,同时要避免碾压磨损等;

(10)施焊工作开始前,首先检查焊机和工具是否完好和安全可靠;

(11)身体出汗,衣服潮湿时,切勿靠在带电的钢板或工件上,以防触电;

(12)更换焊条一定要戴皮手套,不要赤手操作;

(13)推拉闸刀开关时,脸部不允许直对电闸,以防短路造成的火花烧伤面部。

六、环境保护及职业健康

对于在焊接过程中产生的焊渣、废弃焊条等应统一收集后集中处理,避免对周围环境造成污染。

在正式焊接工程开始前,对所有操作人员统一进行职业健康相关知识的学习,让工人真正认识到其重要性,做到防患于未然。焊接操作时,必须严格按照职业健康要求佩戴防护设备,并定期进行健康检查。

参考案例二:

钢 筋 焊 接

钢筋焊接质量应满足《钢筋焊接施工及验收规范》要求,焊工均持证上岗,并在正式施工焊接前试焊,试件合格后方可正式施焊。施工中应按规范要求取样进行力学试验。

在焊接钢筋前必须获得发包方的同意,若允许焊接,应注意防火,灭火器应放在每个施工点附近,若下方有易燃性物质,应有施工人员拿手提式灭火器在旁边监察。

焊接方式、焊条类型等的细节,应提交给发包方并征得同意。

一、钢筋的竖向、水平连接

1. 框架柱及剪力墙的竖向钢筋连接

直径≥16mm 的竖向钢筋采用电渣压力焊接长。电渣压力焊的接头施焊完毕一批,应逐个进行外观检查,并以每一楼层 300 个同级别钢筋接头为一批,随机抽取 3 个试件做拉伸试验,其检查结果应符合《钢筋焊接及验收规程》的有关规定。

2. 框架梁的水平主筋的连接

当梁主筋直径≥16mm时采用焊接接头,小于16mm可采用搭接接头,搭接长度应符合规范的规定。搭接长度末端与钢筋弯折处的距离不得小于钢筋直径的10倍。通长钢筋采用窄间隙焊接长,钢筋闪光对焊及窄间隙焊接头应按《钢筋焊接施工及验收规范》要求进行质量验收,并应按规范取样进行力学试验,梁钢筋接头上部钢筋在跨中1/3范围内,下部筋在支座附近,且同一断面范围内钢筋接头不得超过受力筋的50%。

3. 现浇板钢筋的连接

现浇板钢筋的接头采用绑扎搭接,其搭接长度不小于$1.4L_{aE}$,且不小于300mm,每个接头搭接段位置内绑扎点不少于3点,即两个端头和接头中部进行绑扎。

二、钢筋安装绑扎

每层钢筋绑扎分两步完成,首先绑扎框架柱或剪力墙纵向钢筋,再绑扎梁、板及楼梯。各部位安装绑扎顺序为:

1. 纵向钢筋施工顺序

焊接纵向主筋→穿箍筋绑扎竖向受力筋→画箍筋间距线→绑箍筋→埋砌体拉接筋。

(1)按图纸要求间距,计算好每根柱箍筋数量,先将箍筋套在下层伸出的搭接筋上,然后立柱子或剪力墙钢筋,在搭接长度内,绑扣不少于3个,绑扣要向柱中心。

(2)柱子主筋立起后,绑扎接头的搭接长度应符合设计要求。

(3)在立好的柱子竖向钢筋上,按图纸要求用粉笔画箍筋间距线,按已画好的箍筋位置线,将已套好的箍筋往上移动,由上往下绑扎,宜采用缠扣绑扎。

(4)箍筋与主筋要垂直,箍筋转角处与主筋交点均要绑扎,主筋与箍筋非转角部分的相交点成梅花交错绑扎。箍筋的弯钩叠合处应沿柱子竖筋交错布置,并绑扎牢固。

(5)本工程地震设防烈度为7度,故柱箍筋端头应弯成135°,平直部分长度不小于10d。

(6)如果箍筋采用90°搭接,搭接处应焊接,焊缝长度单面焊缝不小于5d,柱上下两端箍筋应加密,加密区长度及加密区内箍筋间距应符合设计要求,如设计要求箍筋设拉筋时,拉筋应钩住箍筋。

另外,柱筋保护层厚度应符合规范要求。

2. 梁钢筋施工顺序

框架主梁主筋安装就位→穿主梁箍筋→绑扎主梁钢筋骨架→次梁主筋就位、配箍筋→次梁钢筋绑扎→楼板下层钢筋安装绑扎→板面负筋安装绑扎→安装构造柱预埋筋。

(1)在梁侧模板上画出箍筋间距,摆放箍筋。

(2)先穿主梁的下部纵向受力钢筋及弯起钢筋,将箍筋按已画好的间距逐个分开;穿次梁的下部纵向受力钢筋及弯起钢筋,并套好箍筋;放主次梁的架立筋;隔一定间距将架立筋与箍筋绑扎牢固;调整箍筋间距,使间距符合设计要求,绑架立筋,再绑主筋,主次梁同时配合进行。

(3)框架梁上部纵向钢筋应贯穿中间节点,梁下部纵向钢筋伸入中间节点锚固长度及伸过中心线的长度要符合设计要求。框架梁纵向钢筋在端节点内的锚固长度也要符合设计要求。绑梁上部纵向筋的箍筋,宜用套扣法绑扎。

(4)箍筋在叠合处的弯钩,在梁中应交错绑扎,箍筋弯钩为135°,平直部分长度为10d。梁端第一个箍筋应设置在距离柱节点边缘50mm处,梁端与柱交接处箍筋应加密,其间距与加密区长度均要符合设计要求。

(5)在主、次梁受力筋下均应垫垫块,保证保护层的厚度。受力筋为双排时,可用短钢筋

60

垫在两层钢筋之间,钢筋排距应符合设计要求。

3. 楼板钢筋施工顺序

(1)清理模板→模板上画线→绑板下受力筋→绑负弯矩钢筋。

清理模板上面的杂物,用粉笔在模板上画好主筋、分布筋的间距。

按画好的间距,先摆放受力主筋,后放分布筋。预埋件、电线管、预留孔等及时配合安装。

(2)除外围两根筋的相交点应全部绑扎外,其余各点可交错绑扎(双向板相交点必须全部绑扎)。板为双层钢筋和板面负筋两层筋之间须加钢筋马凳,以确保上部钢筋的位置正确。负弯矩钢筋每个相交点必须绑扎。

4. 楼梯钢筋绑扎施工顺序

画位置线→绑主筋→绑分布筋→绑踏步筋。

在楼梯底板上画主筋和分布筋的位置线。根据设计图纸中主筋、分布筋的方向,先绑扎主筋,后绑扎分布筋,每个交点均应绑扎。如有楼梯梁时,先绑梁后绑板筋。板筋要锚固到梁内。底板筋绑扎完毕,待踏步模板吊绑支承好后,再绑扎踏步钢筋。主筋接头数量和位置均要符合施工规范的规定。

三、钢筋工程操作重点

(1)楼板钢筋绑扎与模板班组紧密配合,主次梁均应就位绑扎后,再安装侧模板的板模。钢筋绑扎,针对各部分结构情况,确定各梁的安装顺序和穿插次序。

(2)梁板上留设孔洞时,必须按设计要求增设加强钢筋。

(3)各种构件钢筋放置的顺序应遵守:主次梁相交时,次梁钢筋放在主梁之上,板面负筋应在梁筋之上,靠柱边布置的梁,主筋应放在柱主筋以内。

(4)梁、柱箍筋应将接头位置交错间隔布置,梁柱均需满扎。

(5)梁、柱节点处钢筋密集,柱外围封闭箍筋可制成两个"U"型箍筋,在梁主筋就位后,再安装箍筋,接头处搭接焊 $10d$。

(6)钢筋保护层采用与混凝土等强度的细石混凝土垫块来保证。

(7)主次梁相交处,应按设计要求增加吊筋和加密箍筋,梁柱端部箍筋应按设计要求的加密区范围进行加密布置。

四、钢筋定位措施

(1)框架柱竖向钢筋的固定位置布置在梁下口 200mm 和梁上 50mm 处,与竖向钢筋焊牢,垫好垫块或定位箍、撑筋。

(2)梁钢筋定位:梁多排钢筋之间用 $\phi25@1000$ 横向短筋支垫。

(3)板筋的定位:板的中部设 $\phi12$ "门"型撑筋间距 1 200mm,以保证钢筋的正确位置且不变形,负筋端弯钩底部设 $\phi6.5$ 固定构造筋。

(4)预制垫块应在满足要求前提下尽可能小,且设计成在浇制混凝土时不会翻动,预制垫块由 1:2 水泥砂浆制成。

(5)垫块的尺寸,形状或放置位置应获得发包方同意,钢凳不应直接放在模板中,除非有防锈的保护措施。

(6)未浇筑钢筋需要作为运输通道时,应在钢筋骨架上铺设专门的用具和板作为手推车临时通道。

五、质量保证措施(图3-1)

(1)严把材料进场关,钢材进场必须检验,查出厂合格证和标牌,按规范要求抽样试验。

（2）焊工在正式施焊前先考试，合格后方可正式焊接，所有焊工均持证上岗。

（3）钢筋加工制作，必须先进行试制，合格后方可批量生产。

（4）钢筋班组设专人负责钢筋接头自检，不合格的接头应切断，重新焊接。

（5）钢筋锚固、搭接长度必须满足设计要求，施工时应做到事前有交底，过程有监控，事后有验收。

（6）每部位钢筋绑扎完后，应进行隐蔽验收，并进行详细的记录。

（7）现浇框架钢筋绑扎允许偏差值必须控制在允许范围内，如误差超过表3-4所列值，则必须进行返工处理。

现浇框架钢筋绑扎允许偏差表　　　　　　　　　表3-4

项 次	项 目		允许偏差(mm)	检 验 方 法
1	网眼的长度、宽度		±10	钢尺检查
2	网眼尺寸		±20	尺量连续三档，取其最大值
3	骨架的长度		±10	钢尺检查
4	骨架的宽度、高度		±5	
5	受力钢筋	间距	±10	尺量两端，中间各一点，取其最大值
6		排距	±5	
7	绑扎箍筋、横向钢筋间距		±20	尺量连续三档，取其最大值
8	钢筋弯起点位置		20	
9	预埋件	中心线	5	钢尺检查
		水平高差	+3,0	
10	受力钢筋保护层	梁、柱	±5	
		墙、板	±3	

六、钢筋对焊安全措施

（1）对焊前应清理钢筋与电极表面污泥、铁锈，使电极接触良好，防止出现"打火"现象。

（2）对焊完毕不要过早松开夹具，连接头处高温时不要抛掷钢筋接头，不准往高温接头上浇水，较长钢筋对接应安置在台架上。

（3）对焊机选择参数，包括功率和二次电压应与对焊钢筋时相匹配，电极冷却水的温度不得超过40℃，机身应接地良好。

（4）闪光火花飞溅的方向要有良好的防护安全设施。

七、电渣压力焊安全措施

（1）电渣压力焊使用的焊机设备外壳应接零或接地，露天放置的焊机应有防雨遮盖。

（2）焊接电缆必须有完整的绝缘性能，绝缘性能不良的电缆禁止使用。

（3）在潮湿的地方作业时，应用干燥的木板或橡胶片绝缘物作垫板。

（4）焊工作业应穿戴焊工专用手套、绝缘鞋，且应保持干燥。

（5）在大、中雨天禁止进行焊接施工。在小雨天施焊时，现场要有可靠的遮蔽防护措施。焊接设备应遮盖好，电线保证良好绝缘，焊药必须干燥。

（6）在高温天气施工时，现场要做好防暑降温工作。

（7）用于电渣焊作业的工作台、脚手架应安全牢固。

参考案例三：

钢筋焊接工程的施工

钢筋工程作为建筑施工中最重要的隐蔽工程之一，其施工质量的好坏直接影响到整个工程最终的效果，决定工程品质。考虑到其重要程度，特采取以下保障措施进行过程控制。

一、人员配置

(1)派专职钢筋工长进行钢筋焊接的管理和监控；

(2)质检员对焊接接头进行全数检查；

(3)焊工必须持有焊工上岗证；

(4)焊工施焊前，必须进行试焊，试焊合格后，方能进行正式的施焊工作。

二、材料控制

(1)进场的原材料必须有合格证，且须抽样检验合格后方能使用；

(2)预埋件接头、熔槽绑条焊接头和坡口焊接头中的钢板和型钢，宜采用低熔钢或合金钢；

(3)电弧焊采用的焊条，应符合现行国家标准《熔钢焊条》(GB/T 5117)或《低合金钢焊条》(GB/T 5118)的规定；

(4)凡施焊的各种钢筋、钢板均应有质量证明书；焊条、焊剂应有产品合格证；

(5)各种焊接材料必须分类存放，妥善管理，应采取防止锈蚀、受潮变质的措施；

(6)氧气的质量必须符合现行国家标准《工业用氧》(GB/T 3563)的规定，其纯度应大于或等于99.5%；

(7)乙炔的质量应符合现行国家标准《溶解乙炔》(GB 6819)的规定，其纯度应大于98.0%。

三、注意事项

(1)电渣压力焊用于柱、墙竖向受力钢筋的连接，不得在竖向焊接后横置于梁、板等构件中作水平钢筋用；

(2)在工程开工正式焊接前，焊工必须进行现场条件下的焊接工艺试验，并经试验合格后，方可正式施焊；

(3)焊工施焊前，须清除钢筋焊接部位以及钢筋与电板接触表面的锈斑、油污、杂物等；当钢筋端部有弯折、扭曲时，须予以矫直或切除；

(4)带肋钢筋进行闪光对焊、电弧焊、电渣压力焊时，须将纵肋对纵肋安放和焊接；

(5)焊剂须存放在干燥的库房内，当受潮时，在使用前应经250～300℃烘熔2h；

(6)闪光对焊时，须采用预热闪光焊，可增加调伸长度，采用较低变压级表，增加预热次数和间歇时间；

(7)雨天必须施焊时，须采取有效遮蔽措施；

(8)HRB400钢筋闪光对焊时，应减小调伸长度，提高快热快冷条件，使热影响区长度控制在钢筋直径的0.6倍范围内；

(9)电渣压力焊夹具的上下钳口应夹紧于上、下钢筋上，且上下两钢筋在一条直线上；钢筋一经夹紧，不得晃动，接头焊毕，应稍作停歇，方可回收焊剂和卸下焊接夹具。敲去渣壳后，四周焊包凸出钢筋表面的高度不得小于4mm；

(10)在焊接生产中，焊工必须进行自检，当发现偏心、弯折、烧伤等焊接缺陷时，要查找原因，采取措施，及时清除。

四、质量要求

(1)焊接接头应符合设计要求,并应全数检查;

(2)在同一台班内,由同一焊工完成的300个同牌号、同直径钢筋焊接接头应作一批;当同一台班内焊接的接头数量较少,可在同一周内累计计算;累计仍不足300个接头时,应按一批计算;

(3)力学性能检验时,应从当批接头中随机切取6个接头,其中3个做拉伸试验,3个做弯曲试验;

(4)接头处不得有横向裂纹;

(5)与电极接触处的钢筋表面不得有明显烧伤;

(6)接头处的弯折角不得大于3°;

(7)接头处的轴线偏移不得大于钢筋直径的0.1倍,且不得大于2mm。

五、安全注意事项

(1)焊接电源的控制装置必须是独立的,且容易符合电源要求,如熔断器或自动断电装置等,控制装置应能可靠地切断设备最大额定电流,以保证安全;

(2)焊机的所有外露带电部分,必须有完好的隔离防护装置,焊机的接线柱、极板和接线端应有防护罩;

(3)焊机的线圈和线路带电部分对外壳和对地之间、焊接变压器的一次线圈和二次线圈之间、相与相及线与线之间,都必须符合绝缘标准要求,其电阻值不得小于1MΩ;

(4)焊机的结构,必须牢固和便于维修,焊机各接触点和连接件应连接牢固,不得松动;

(5)焊机必须有保护接地线;

(6)焊钳和焊枪有良好的绝缘性能和隔热性能;

(7)焊钳和焊枪与电缆的连接必须简单牢靠,连接处不得外露,以防触电;

(8)严禁利用金属结构、管道或其他金属搭接起来作为导线使用;

(9)不得将焊接电缆放在电弧附近或炽热的焊缝金属旁,以免烧坏绝缘层,同时要避免碾压磨损等;

(10)施焊工作开始前,首先检查焊机和工具是否完好和安全可靠;

(11)身体出汗,衣服潮湿时,切勿靠在带电的钢板或工件上,以防触电;

(12)更换焊条一定要戴皮手套,不要赤手操作;

(13)推拉闸刀开关时,脸部不允许直对电闸,以防短路造成的火花烧伤面部。

任务二 钢筋定位的关键步骤

一、任务描述

现有某住宅楼施工项目,施工项目部准备开始钢筋定位施工,施工前要编制钢筋定位施工方案,准备相关设施,作为该工作参加人员,该进行哪些工作。任务前提:(1)技术已交底;(2)施工项目的情况已提供;(3)钢筋工程相关知识技能已具备;(4)按工作小组进行任务分工;(5)规定该项工作开始和完成的时间;(6)完成任务需要的设施、资料等。

参见附件一:某住宅楼施工项目工程概况。

二、学习目标

通过本学习任务的学习,你应当能:

(1)描述建筑工程钢筋定位施工的工作内容和钢筋定位施工的工作流程;

(2)编制钢筋定位施工方案,掌握钢筋定位施工工作要点;

(3)按照正确的方法和途径,收集整理钢筋定位施工资料;

(4)按照钢筋定位施工的要求和工作时间限定,准备钢筋定位施工材料和设备;

(5)按照单位施工项目管理流程,完成对钢筋定位施工方案的审核。

三、内容结构

按照钢筋施工工作的内容、程序,结合本项目的实际情况,将钢筋施工工作内容进行归纳,见图3-1。

四、任务实施

(一)项目引入

任务开始时,由老师发放该项目相关资料,详见附件一、附件二、附件三。学生了解本次任务需要解决的问题,参见图3-6、图3-7。

图3-6　钢筋工程施工现场图(一)

(二)学习准备

引导问题　根据所给项目资料,要完成任务需要哪些方面的知识?

1.钢筋定位施工的要点有哪些?

结合前期所学钢筋工程的有关知识和训练,总结归纳钢筋定位施工要点,一一列出。

提示:主要依据是施工规范和钢筋定位施工方案及图纸等资料。

2.查阅资料,回答下列问题:

(1)钢筋定位的类型有哪些? 各自的特点是什么?

提示:了解区分各种钢筋定位方法的适用条件。

参考规范:建筑工程施工质量验收统一标准(GB 50300—2001)

(2)钢筋定位施工要点是什么?

提示:按照设计要求和施工规范及钢筋施工方案等,总结归纳,参见图3-7。

图3-7 钢筋工程施工现场图(二)

(3)钢筋施工作业人员有哪些特殊要求?

3.根据项目资料,钢筋施工需要分析考虑的问题有哪些?

提示:顶板钢筋施工顺序,参见本任务参考案例一第四项钢筋安装绑扎中的顶板钢筋施工顺序。

(三)钢筋施工方案的编写

引导问题 如何进行钢筋施工方案的编制?

1.方案编制的依据是什么?

2.方案编制包括哪些内容?根据所给工程资料,描述钢筋施工方案的编制内容。

3.编写钢筋施工方案。

目的:巩固加强钢筋工程的所学知识。

(四)钢筋施工方案的审核

引导问题 如何进行钢筋施工方案的审核?

1.资料收集

检查此次需准备资料是否齐全,参见表3-5。

2.方案审核

依据实际情况和施工方案的内容,做以下工作:

(1)对照项目资料审核方案的合理性。如不满足要求,如何处理?

资料准备情况检查表 表3-5

资 料 清 单	完 成 时 间	责 任 人	任务完成则划"√"
			☐
			☐
			☐
			☐
			☐
			☐
			☐

(2)结合项目情况和单位的实际情况,检查分析方案的针对性和可操作性。

3.方案修改和完善

（五）钢筋施工的质量、安全控制

引导问题 如何进行施工质量控制?

1.质量、安全控制的流程和规定是什么?

2.质量、安全控制的内容和方法是什么?

3.不合格方案的修改和处理:

(1)方案如何修改? 谁修改? 修改后是否还需要重新审核?

(2)方案修改和完善的质量和时间如何控制?

提示:

①严格依照施工管理的规定和流程执行,做好审核记录,便于检查。

②依照"谁做资料谁修改"的原则修改,并需要重新审核。

③严格控制修改资料的时间和质量,并重新整理和汇总,注意不要混淆新旧资料等。

（六）评价与反馈

1.学生自我评价。

(1)此次编写钢筋施工方案是否符合项目施工要求? 若不符合,请列出原因和存在的问题,并请提出相应的解决方法。

(2)你认为还需加强哪些方面的指导(从实际工作过程及理论知识两方面考虑)?

2.学习工作过程评价表(表3-6)。

任 务 评 分 表　　　　　　　　　　　　　　表3-6

考 核 项 目	分 数			学生自评	小组互评	教师评价	小 计
	合格	良	优				
方案的完整性审查	1	3	5				
方案的合理性、可操作性审查	6	8	10				
总 计	7	11	15				

教师签字:　　　　　　　　　　　　　　　　　年　月　日　得 分

参考案例一:

钢 筋 工 程

一、钢筋原材料要求

(1)对进场的钢材严格把好质量关,每批进场的钢筋必须有出厂合格证明书,并按规定抽样试验合格后,方可使用。

(2)进场的每批钢筋用完后,钢筋工长、试验人员必须在试验报告合格证明书上注明该批钢筋所用楼层的部位,以便今后对结构进行分析,确保工程质量。

(3)钢筋在储运堆放时,必须挂标示牌,并按级别、品种分规格堆放整齐,钢筋与地面之间应支垫不低于200mm的底垫或搭设钢管架,由于数量较大,使用时间较长的钢筋表面加覆盖物,以防止钢筋锈蚀污染。

(4)钢筋在加工过程中,如发生脆断,焊接性能不良或力学性能不正常现象,应对该批钢材进行化学成分分析。不符合国家标准规定的钢材不得用于工程。

（5）钢筋规格品种不齐，需代换时，应先经过设计单位同意，方能进行代换，并及时办理技术核定单。

二、钢筋加工制作

（1）对于结构部位，节点复杂的构件，应认真全面熟悉图纸，弄清其锚固方式及长度，对梁柱节点处各构件的钢筋排放位置进行合理摆放，避免绑扎时发生钢筋挤压成堆的情况，按图放样，在施工前对各个编号钢筋均应先试制无误后，方可批量加工生产。

（2）所有钢筋尺寸必须满足施工规范要求，箍筋做成135°弯钩，且平直长度不小于$10d$，箍筋制作弯心应大于主筋直径。

（3）框架柱、剪力墙竖向钢筋采取按两层下料，在楼层面上分两次接头，第一次接头距施工楼层面$35d$，且大于500mm，第二次接头与第一次接头位置错开$35d$以上。

（4）钢筋焊接质量应满足《钢筋焊接施工及验收规范》要求，焊工均持证上岗，并在正式施工焊接前试焊，试件合格后方可正式施焊。施工中应按规范要求进行取样进行力学试验。

三、钢筋的竖向、水平连接

1. 框架柱、剪力墙暗柱的竖向钢筋连接

框架柱的竖向钢筋采用电渣压力焊接长。电渣压力焊的接头施焊完毕一批，应逐个进行外观检查，并以每一楼层300个同级别钢筋接头为一批，随机抽取3个试件做拉伸试验，其检查结果符合《钢筋焊接及验收规程》的有关规定。

2. 框架梁、剪力墙的水平主筋的连接

本工程框架梁、剪力墙水平主筋钢筋类别为Ⅱ级钢筋，当梁主筋直径≥16mm时采用焊接接头，小于16mm可采用搭接接头，搭接长度应符合规范的规定。搭接长度末端与钢筋弯折处的距离不得小于钢筋直径的10倍。通长钢筋采用窄间隙焊接长，钢筋闪光对焊及窄间隙焊接头应按《钢筋焊接施工及验收规范》要求进行质量验收，并应按规范取样进行力学试验，梁钢筋接头上部钢筋在跨中1/3范围内，下部筋在支座附近，且同一断面（$35d$）范围内钢筋接头不得超过受力筋的50%。

3. 现浇板钢筋的连接

本工程楼面现浇板钢筋类别为冷轧带肋钢筋钢筋，因此，现浇板钢筋的接头采用绑扎搭接，其搭接长度不小于$1.4L_{aE}$，且不小于300mm，每个接头搭接段位置内绑扎点不少于3点，即两个端头和接头中部进行绑扎。

4. 剪力墙钢筋的连接

剪力墙钢筋采用Ⅱ级钢筋，当墙筋直径大于16mm时采用对焊，小于16mm时可采用搭接。对焊接头应按《钢筋焊接施工及验收规范》要求，进行质量验收，并应按规范取样进行力学性能的试验。当采用绑扎接头时，接头位置应相互错开，当采用非焊接的搭接接头时从任一接头中心至1.3倍搭接长度的区段范围内，或当采用焊接接头时在任一焊接接头中心至长度为钢筋直径的35倍且不小于500mm的区段范围内，有接头的受力钢筋截面面积占受力钢筋总截面面积的百分率应符合以下规定：搭接接头在受拉区不应超过25%，在受压区不应超过50%，焊接接头在受拉区不应超过50%。

四、钢筋安装绑扎

每层钢筋绑扎分两步完成，首先绑扎框架柱钢筋、剪力墙钢筋，再绑扎梁、板及楼梯。各部

位安装绑扎顺序为:

1.柱子钢筋施工顺序

焊接柱子主筋→穿箍筋绑扎竖向受力筋→画箍筋间距线→绑箍筋→埋砌体拉接筋。

按图纸要求间距,计算好每根柱箍筋数量,先将箍筋套在下层伸出的搭接筋上,然后立柱子钢筋,在搭接长度内,绑扣不少于3个,绑扣要向柱中心。

柱子主筋立起后,绑扎接头的搭接长度应符合设计要求,如设计无要求时,应按下式采用:

$$L_{\text{lE}} = 1.4L_{\text{aE}}$$

在立好的柱子竖向钢筋上,按图纸要求用粉笔画箍筋间距线,按已画好的箍筋位置线,将已套好的箍筋往上移动,由上往下绑扎,宜采用缠扣绑扎,如图3-8所示。

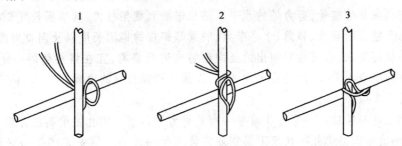

图3-8 钢筋缠扣绑扎示意图

箍筋与主筋要垂直,箍筋转角处与主筋交点均要绑扎,主筋与箍筋非转角部分的相交点成梅花交错绑扎。箍筋的弯钩叠合处应沿柱子竖筋交错布置,并绑扎牢固,如图3-9所示。

工程地震设防烈度为7度,故柱箍筋端头应弯成135°,平直部分长度不小于10d,如图3-10所示。

如果箍筋采用90°搭接,搭接处应焊接,焊缝长度单面焊缝不小于5d,柱上下两端箍筋应加密,加密区长度及加密区内箍筋间距应符合设计要求,如设计要求箍筋设拉筋时,拉筋应钩住箍筋,如图3-11所示。

另外,柱筋保护层厚度应符合规范要求。

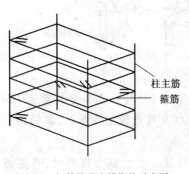

图3-9 钢筋梅花交错绑扎示意图

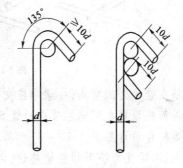

图3-10 柱箍筋端头弯曲示意图

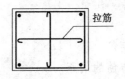

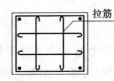

图3-11 箍筋焊接示意图

2.剪力墙钢筋施工顺序

焊接剪力墙竖筋2~4根→画绑扎剪力墙水平钢筋间距→绑定位横筋→绑其余横竖筋。

将竖筋与下层伸出的搭接钢筋绑扎在竖筋上,画好水平筋分档标志,在下部及齐胸处绑两根横筋定位,并在横筋上画好竖筋分档标志,接着绑其竖筋,最后再绑其余横筋,横筋在竖筋里面或外面应符合设计要求。

竖筋与伸出搭接筋的搭接处需绑3根水平筋,其搭接长度及位置均应符合设计要求和03G101图集执行。

剪力墙筋应逐点绑扎,双排钢筋之间应绑拉筋或支撑筋,其纵横间距不大于600mm,钢筋外皮绑扎垫块。

剪力墙与框架柱连接处,剪力墙的水平横筋应锚固到框架柱内,其锚固长度要符合设计要求。剪力墙水平筋在两端头、转角、十字节点、联梁等部位的锚固长度以及洞口周围加固筋等,均应符合设计抗震要求,合模后对伸出的竖向钢筋应进行修整,宜在搭接处绑一道横筋定位,浇筑混凝土时应有专人看管,浇筑后再次调整,以保证钢筋位置的准确。

3.梁钢筋施工顺序

框架主梁主筋安装就位→穿主梁箍筋→绑扎剪力墙钢筋→绑扎主梁钢筋骨架→次梁主筋就位、配箍筋→次梁钢筋绑扎→楼板下层钢筋安装绑扎→板面负筋安装绑扎→安装构造柱预埋筋。

在梁侧模板上画出箍筋间距,摆放箍筋。

先穿主梁的下部纵向受力钢筋及弯起钢筋,将箍筋按已画好的间距逐个分开;穿次梁的下部纵向受力钢筋及弯起钢筋,并套好箍筋;放主次梁的架立筋;隔一定间距将架立筋与箍筋绑扎牢固;调整箍筋间距,使间距符合设计要求,绑架立筋,再绑主筋,主次梁同时配合进行。

框架梁上部纵向钢筋应贯穿中间节点,梁下部纵向钢筋伸入中间节点锚固长度及伸过中心线的长度要符合设计要求。框架梁纵向钢筋在端节点内的锚固长度也要符合设计要求。绑梁上部纵向筋的箍筋,宜用套扣法绑扎,如图3-12所示。

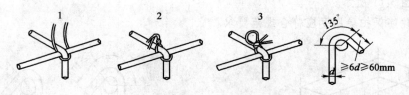

图3-12 箍筋套扣法绑扎示意图

箍筋在叠合处的弯钩,在梁中应交错绑扎,箍筋弯钩为$135°$,平直部分长度为$10d$。梁端第一个箍筋应设置在距离柱节点边缘50mm处,梁端与柱交接处箍筋应加密,其间距与加密区长度均要符合设计要求。

在主、次梁受力筋下均应垫垫块,以保证保护层的厚度。受力筋为双排时,可用短钢筋垫在两层钢筋之间,钢筋排距应符合设计要求。

4.顶板钢筋施工顺序

(1)工艺流程。

清理模板→模板上画线→绑板下受力筋→绑负弯矩钢筋。

清理模板上面的杂物,用粉笔在模板上画好主筋、分布筋的间距。

按画好的间距,先摆放受力主筋,后放分布筋。预埋件、电线管、预留孔等及时配合安装。

允许偏差见表3-7。

钢筋绑扎允许偏差表   表3-7

项 次	项 目		允许偏差(mm)	检 验 方 法
1	网眼的长度、宽度		±10	钢尺检查
2	网眼尺寸		±20	尺量连续三档,取其最大值
3	骨架的长度		±10	钢尺检查
4	骨架的宽度、高度		±5	
5	受力钢筋	间距	±10	尺量两端,中间各一点,取其最大值
6		排距	±5	
7	绑扎箍筋、横向钢筋间距		±20	尺量连续三档,取其最大值
8	钢筋弯起点位置		20	
9	预埋件	中心线	5	钢尺检查
		水平高差	+3,0	
10	受力钢筋	梁、柱	±5	
		墙、板	±3	

在该工程现浇板中,有板带梁时,应先绑板带梁钢筋,再摆放板钢筋。绑扎板筋时一般用顺扣或八字扣,如图3-13所示。

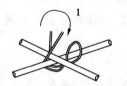  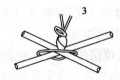

图3-13　钢筋顺扣或八字扣绑扎示意图

除外围两根筋的相交点应全部绑扎外,其余各点可交错绑扎(双向板相交点必须全部绑扎)。如板为双层钢筋,两层筋之间须加钢筋马凳,以确保上部钢筋的位置正确。负弯矩钢筋每个相交点必须绑扎。

在钢筋的下面垫好砂浆垫块,间距1.5m。

(2)楼板钢筋绑扎与模板班组紧密配合,主次梁均应就位绑扎后,再安装侧模板的板模。钢筋绑扎时,针对各部分结构情况,确定各梁的安装顺序和穿插次序。

(3)梁板上留设孔洞时,必须按设计要求增设加强钢筋。

(4)各种构件钢筋放置的顺序应遵守:主次梁相交时,次梁钢筋放在主梁之上,板面负筋应在梁筋之上,靠柱边布置的梁,主筋应放在柱主筋以内。剪力墙筋与柱相交时,其水平筋应通过柱内,剪力墙筋与梁相交时,竖向筋应不通过暗梁。

(5)梁、柱箍筋应将接头位置交错间隔布置,梁柱均需满扎。

(6)梁、柱节点处钢筋密集,柱外围封闭箍筋可制成两个"U"型箍筋,在梁主筋就位后,再安装箍筋,接头处搭接焊10d。

(7)钢筋保护层采用与混凝土等强度的细石混凝土垫块来保证,其柱间距不大于1.0m,框架梁间距不大于0.8m,板间距不大于1.2m,剪力墙间距不大于1.0m。

(8)主次梁相交处,应按设计要求增加吊筋和加密箍筋,梁柱端部箍筋应按设计要求的加密区范围进行加密布置。

（9）框架柱与现浇圈梁、过梁相交处应预埋插筋，埋入柱内长度35d，伸出柱外长度≥500mm。

（10）楼梯钢筋绑扎施工顺序

画位置线→绑主筋→绑分布筋→绑踏步筋。

在楼梯底板上画主筋和分布筋的位置线。根据设计图纸中主筋、分布筋的方向，先绑扎主筋，后绑扎分布筋，每个交点均应绑扎。如有楼梯梁时，先绑梁后绑板筋。板筋要锚固到梁内。底板筋绑扎完毕，待踏步模板吊绑支承好后，再绑扎踏步钢筋。主筋接头数量和位置均要符合施工规范的规定。

五、钢筋工程操作重点

（1）楼板钢筋绑扎与模板班组紧密配合，主次梁均应就位绑扎后，再安装侧模板的板模。钢筋绑扎时，针对各部分结构情况，确定各梁的安装顺序和穿插次序。

（2）梁板上留设孔洞时，必须按设计要求增设加强钢筋。

（3）各种构件钢筋放置的顺序应遵守：主次梁相交时，次梁钢筋放在主梁之上，板面负筋应在梁筋之上，靠柱边布置的梁，主筋应放在柱主筋以内。

（4）梁、柱箍筋应将接头位置交错间隔布置，梁柱均需满扎。

（5）梁、柱节点处钢筋密集，柱外围封闭箍筋可制成两个"U"型箍筋，在梁主筋就位后，再安装箍筋，接头处搭接焊10d。

（6）钢筋保护层采用与混凝土等强度的细石混凝土垫块来保证。

（7）主次梁相交处，应按设计要求增加吊筋和加密箍筋，梁柱端部箍筋应按设计要求的加密区范围进行加密布置。

六、钢筋定位措施

框架柱竖向钢筋的固定位置布置在梁下口200mm和梁上200mm处，与竖向钢筋焊牢，垫好垫块或定位箍、撑筋。

七、钢筋制作安全措施

（1）机械必须设置防护装置，注意每台机械必须一机一闸，并设漏电保护开关。

（2）工作场所保持畅通，危险部位必须设置明显标志。

（3）操作人员必须持证上岗，熟悉机械性能和操作规程。

八、钢筋绑扎与安装的安全措施

（1）搬运钢筋时，要注意前后方向有无碰撞危险或被钩挂物料，特别是避免碰挂周围和上下方向的电线。人工抬运钢筋时，上肩卸料要注意安全。

（2）起吊或安装钢筋时，应和附近高压线路或电源保持一定安全距离，在钢筋林立的场所，雷雨时不准操作和站人。

学习情境四　大体积混凝土施工

任务一　大体积混凝土的控温防裂措施

一、任务描述

现有某住宅楼施工项目,施工项目部准备开始大体积混凝土施工,施工前要编制大体积混凝土施工控温防裂方案,准备相关设施,作为该工作参加人员,该进行哪些工作。任务前提:(1)技术已交底;(2)施工项目的情况已提供;(3)混凝土工程相关知识技能已具备;(4)按工作小组进行任务分工;(5)规定该项工作开始和完成的时间;(6)完成任务需要的设施、资料等。

参见附件一:某住宅楼施工项目工程概况。

二、学习目标

通过本学习任务的学习,你应当能:

(1)描述建筑工程大体积混凝土施工控温防裂的工作内容和混凝土施工的工作流程;

(2)编制大体积混凝土施工控温防裂方案,掌握大体积混凝土施工控温防裂工作要点;

(3)按照正确的方法和途径,收集整理大体积混凝土施工控温防裂资料;

(4)按照大体积混凝土施工控温防裂的要求和工作时间限定,准备大体积混凝土施工控温防裂材料和设备;

(5)按照单位施工项目管理流程,完成对大体积混凝土施工控温防裂方案的审核。

三、内容结构

按照混凝土施工工作的内容、程序,结合本项目的实际情况,将混凝土施工工作内容进行归纳,见图4-1。

四、任务实施

(一)项目引入

任务开始时,由老师发放该项目相关资料,详见附件一、附件二、附件三。学生了解本次任务需要解决的问题,参见图4-2。

(二)学习准备

引导问题　根据所给项目资料,要完成任务需要哪些方面的知识?

1. 大体积混凝土施工控温防裂的要点有哪些?

结合前期所学混凝土工程的有关知识和训练,总结归纳大体积混凝土施工控温防裂要点,一一列出。

提示:主要依据是施工规范和大体积混凝土施工控温防裂方案及图纸等资料。

2. 查阅资料,回答下列问题:

(1)大体积混凝土施工控温措施有哪些?

提示:大体积混凝土的保温措施,参见本任务参考案例一第二项大体积混凝土保温措施。

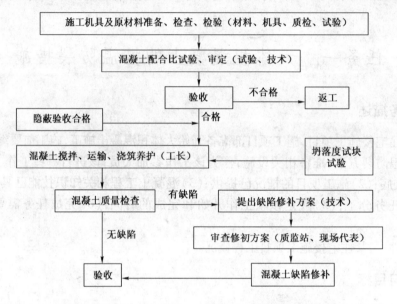

图 4-1 混凝土工程施工工艺质量控制图

图 4-2 混凝土工程施工现场图

参考规范如下:

混凝土质量控制标准(GB 50164—92);

混凝土结构工程施工质量验收规范(GB 50204—2002);

粉煤灰混凝土应用技术规范(GBJ 146—90);

混凝土外加剂应用技术规范(GB 50119—2003);

混凝土强度检验评定标准(GBJ 107—87);

混凝土泵送施工技术规程(JGJ/T 10—95)。

（2）大体积混凝土施工控温防裂要点是什么？

提示：按照设计要求和施工规范及大体积混凝土施工控温防裂方案等资料，总结归纳。

3. 根据项目资料，大体积混凝土施工控温防裂需要分析考虑的问题有哪些？

提示：防止混凝土裂纹所采取的措施，参见本任务参考案例一第四项防止混凝土裂纹所采取的措施。

（三）大体积混凝土施工控温防裂方案的编写

引导问题 如何进行大体积混凝土施工控温防裂方案的编制？

1. 方案编制的依据是什么？

2. 方案编制包括哪些内容？

3. 编写大体积混凝土施工控温防裂施工方案。

目的：巩固加强所学的混凝土工程知识。

（四）大体积混凝土施工控温防裂方案的审核

引导问题 如何进行大体积混凝土施工控温防裂方案的审核？

1. 资料收集

检查此次需准备的资料是否齐全，参见表 4-1。

资料准备情况检查表   表 4-1

资 料 清 单	完 成 时 间	责 任 人	任务完成则划"√"
			□
			□
			□
			□
			□
			□
			□

2. 方案审核

依据实际情况和施工方案的内容，做以下工作：

（1）对照项目资料审核方案的合理性，如不满足要求，如何处理？

（2）结合项目情况和单位的实际情况，检查分析方案的针对性和可操作性，如不符合，如何处理？

3. 施工方案修改和完善

（五）大体积混凝土施工控温防裂的质量、安全控制

引导问题 如何进行施工质量控制？

1. 质量、安全控制的流程和规定是什么？

2. 质量、安全控制的内容和方法是什么？

3. 不合格方案的修改和处理：

（1）如何修改？谁修改？修改后是否还需要重新审核？

（2）修改和完善的质量和时间如何控制？

提示 1：

①严格依照施工管理的规定和流程执行,做好审核记录,便于检查;

②依照"谁做资料谁修改"的原则修改,并需要重新审核;

③严格控制修改资料的时间和质量,并重新整理和汇总,注意不要混淆新旧资料等。

提示2:大体积混凝土施工时管理要求,参见本任务参考案例一第三项大体积混凝土施工的管理要求。

提示3:大体混凝土温差监控工作安排,参见本任务参考案例一第三项大体积混凝土施工的管理要求。

(六)评价与反馈

1.学生自我评价。

(1)此次编写大体积混凝土施工控温防裂方案是否符合项目施工要求,若不符合,请列出原因和存在的问题,并请提出相应的解决方法。

(2)你认为还需加强哪些方面的指导(从实际工作过程及理论知识两方面考虑)?

2.学习工作过程评价表(表4-2)。

任 务 评 分 表

表4-2

考 核 项 目	分　　　数			学生自评	小组互评	教师评价	小　计
	合格	良	优				
方案的完整性审查	1	3	5				
方案的合理性、可操作性审查	6	8	10				
总　计	7	11	15				

教师签字:　　　　　　　　　　　　　　　　　年　　月　　日　得分

参考案例:

大体积混凝土施工

江南别院工程筏板和承台厚1 100mm,局部1 200mm,均属大体积混凝土;为防止该工程结构超长、超宽而引起混凝土收缩裂纹,特制定此方案。

一、地下室混凝土施工

该工程基础筏板和承台厚1 100mm,局部1 200mm,结构分区设置纵横上下贯通后浇带(包括外剪力墙上也留后浇带);地下室外墙厚200~400mm。地下室混凝土的设计强度等级为C40~C30,抗渗等级P8,后浇带的设计强度等级和抗渗等级比相应的板和墙高一个等级。

筏板混凝土浇筑以单元划分流水段,每幢划分为三个流水段,筏板混凝土浇筑用两台混凝土输送泵进行,两台混凝土输送泵分别布置在基坑两侧。混凝土的浇筑方向每幢均由三单元向一单元推进。混凝土浇筑分层斜向进行。

每流水段筏板最宽处约40m,长约35m,混凝土量约为1 500m³,每幢筏板混凝土总量约4 500m³;混凝土筏板浇筑时要求商品混凝土厂家每小时供8车混凝土,混凝土分层厚度500mm左右,商品混凝土流幅10m左右,每覆盖一层需10×10×0.5 = 50m³左右,每车混凝土平均按8.0m³计算,则每小时8车混凝土共8×8 = 64m³,则1h可返回进行第二层混凝土浇筑,按此速度,完全能保证不出现冷缝。

预计每段筏板混凝土浇筑持续时间在2天左右,浇灌前建设单位应到供电局落实双电源有无停电计划,如不能保证持续供电,浇灌时间应作调整。

筏板施工前,应注意近期和中期天气预报,材料上准备足够雨季施工用具,以便连续施工。

长时间连续作业,班组及管理人员作轮班制安排,施工中分工明确,责任落实到人,工序搭接要求有条不紊。

针对商品混凝土特性,采取"分段定点,一个坡度,斜面分层,循序渐进,一次到顶"的方法,自然流淌形成斜坡的浇灌方法,能减少混凝土的泌水处理,保证上、下层混凝土结合不超过初凝时间,防止出现冷缝。

二、大体积混凝土的保温措施

该工程在设计时就考虑了大体积混凝土的防裂措施,设计要求在筏板和地下室混凝土中加水泥用量8% ~12%的FS-P微膨胀防水剂和掺入$0.93kg/m^3$的19mm聚丙烯纤维膨胀剂来控制混凝土的裂纹。

施工时,考虑到筏板属大体积混凝土施工,因此对筏板施工时的混凝土保温采取了措施。本工程预计8月份进行筏板浇筑,平均气温约32℃,经计算,其体内最高温度为44.78℃,计算结果附后,按内外温差不大于25℃计算,表面温度应控制在25℃之上,并要求温降曲线平缓。

该工程筏板板厚1 100mm,局部1 200mm,混凝土量约1 3000m^3,每幢约4 500m^3,为了降低水化热对大体积混凝土的影响,特对大体积筏板混凝土水化热进行以下计算:

该工程筏板混凝土强度等级为C30;按平均温度32℃,年平均湿度80%计算;混凝土中水泥用量按400kg/m^3计算,见表4-3。

每1m^3混凝土原材料重量、温度、比热及热量表 表4-3

材料名称	重量W (kg)	比热C (kJ/kg·k)	$W \cdot C$ (kJ/℃)	材料温度T_i (℃)	$T_i \cdot W \cdot C$
水	180	4.2	756	15	11 475
水泥	400	0.82	328	26	9 932
砂子	773	0.78	603	26	15 678
石子	1 067	0.68	726	28	20 328
合计	2 420		2 413		57 413

1. 混凝土拌和温度的计算

混凝土拌和温度:

$$T_C = \sum T_i \cdot W \cdot C / \sum W \cdot C$$
$$= 57\,413/2\,413 = 23.79℃$$

2. 混凝土出罐温度

由于搅拌站为露天,因此$T_1 = T_C = 23.79℃$

3. 混凝土浇筑温度的计算

混凝土由搅拌车运至现场,卸料需2min,运料20min。

浇筑一车混凝土需8min,则温度损失值为:

卸料:　　　　　$A_1 = 0.032$

浇捣:　　　　　$A_2 = 0.003 \times 8 = 0.024$

运料:　　　　　$A_3 = 0.0037 \times 20 = 0.074$

则:　　　　　　$\sum A = A_1 + A_2 + A_3 = 0.13$

所以:　　　　　$T_j = T_C + (T_q + T_C) \cdot (A_1 + A_2 + A_3)$
$$= 23.79 + (32 - 23.79) \times 0.13$$
$$= 24.86℃$$

4. 混凝土绝热温升

3 天时水化热温度最大,故计算 3 天的绝热温升。混凝土浇筑厚度 1.1m。

普通硅酸盐水泥每公斤水泥发热量 Q 为 461kJ/kg

查表: $1 - e^{-m\tau} = 0.657$,则混凝土最终绝热温升按下式计算:

$$T_\tau = \frac{WQ}{CP}(1 - e^{-m\tau})$$
$$= 400 \times 461 \times 0.657/0.97 \times 2420$$
$$= 51.61℃$$

当浇筑层厚 = 1.1m 时,查表及 3 天龄期的 $\xi = 0.386$,按下式计算:

$$T_3 = T_\tau \cdot \xi$$
$$= 51.61 \times 0.386$$
$$= 19.92℃$$

5. 混凝土内部最高温度的计算

$$T_{max} = T_j + T_\tau \cdot \xi$$
$$= 24.86 + 19.92$$
$$= 44.78℃$$

6. 混凝土表面温度

采用组合钢模,用一层 3cm 草垫加两层塑膜养护。

大气温度 $T_q = 32℃$

(1)混凝土的虚铺厚度按下式计算

$$h' = K \cdot \lambda/\beta$$
$$\beta = 1/(\sum \delta_1/\lambda_1 + 1/\beta_q)$$

δ_1 为保温材料厚度,取 3cm。

查表得:保温材料的导热系数 $\lambda_1 = 0.14 W/(m^2 \cdot K)$

空气传热系数 $\beta_q = 23 W/(m^2 \cdot K)$

则

$$\beta = 1/(0.03/0.14 + 1/23) = 1/(0.21 + 0.04)$$
$$= 4.00$$

所以 $h' = 0.666 \times 2.33/4.00 = 0.387m$

(2)混凝土计算厚度按下式计算

$$H = h + 2h'$$
$$= 1.1 + 2 \times 0.387$$
$$= 1.874m$$

$$T_{(\tau)} = T_{max} - T_q$$
$$= 44.78 - 32$$
$$= 12.78℃$$

(3)混凝土表面温度按下式计算

$$T_{b(\tau)} = T_q + \frac{4}{H^2} \cdot h'(H - h')T_{(\tau)}$$
$$= 32 + (4/1.874^2) \times 0.387 \times (1.874 - 0.387) \times 12.78$$
$$= 32 + 8.38$$
$$= 40.38℃$$

结论:混凝土中心最高与表面温度之差即:$T_{max} - T_{b(\tau)} = 44.78 - 40.38 = 4.4℃$,未超过 $25℃$ 的规定,表面温度与大气温度之差 $(T_{b(\tau)} - T_q) = 40.38 - 32 = 8.38℃$,亦未超过 $25℃$。故只需用单层塑膜加单层 3cm 厚草垫即可保温防裂。

根据计算结果,在混凝土收面终凝时,以单层塑膜覆盖,防止水分蒸发,继而以单层草袋错缝叠覆,其上表面再以单层黑色塑膜覆盖,形成被复,能满足保温及混凝土内外温差及抗裂要求。

三、大体积混凝土施工时的管理要求

(1)保持草袋干燥,不得淋水以保证保温效果,但应注意防火,严禁吸烟和无防护施焊。

(2)放线应在晴天进行,限制揭复时间 <4h,放线后立即覆盖还原。

大体混凝土温差监控工作安排如下:

(1)由建设单位委托专业单位进行电偶测温测点布设,公司提供现场配合。

(2)混凝土终凝 2h 后,由微机监控自动记录各测点温度,每 6h 测温差一次,内外温差有超越 25℃ 之势,即向责任工长报告,采取增加混凝土表面保温材料措施,以达到控温防裂目的。

(3)现场监测工作结束,须整理数据,提出测温分析报告,存档备查。

四、防止混凝土裂纹所采取的措施

(1)设计上对超长结构采用后浇带以及在混凝土中掺水泥用量 8% ~12% 的 FS-P 微膨胀防水剂和 $0.93kg/m^3$ 的 19mm 聚丙烯纤维控制裂纹以有效改善大体积混凝土的内外约束条件以及结构薄弱环节的补偿,使混凝土的裂缝得以控制;

(2)在施工技术上:选用水泥强度等级高的 42.5 级普通硅酸盐水泥,使每立方米混凝土中的水泥用量较水泥强度等级低的 32.5 级水泥用量减少 40 ~50kg,以降低水化热,降低混凝土内外温差,减少裂纹;根据大量实验资料表明,每立方米混凝土的水泥用量每减 10kg,随着水化热的减少将使混凝土的温度相应降低 1℃,因此,该工程由于采用了高强度等级的水泥,使混凝土的温度相应降低了 4 ~5℃;

(3)粗集料选用级配良好的粒径 5 ~30mm 的碎石,含泥量不超过 1%,针片状颗粒含量不超过 5%;级配好的石子,可减少集料的比表面积和集料的空隙率,使每立方米混凝土的用水量减少 15kg 左右,使混凝土的收缩和泌水随之减少;

(4)细集料采用水洗中砂,中砂的平均粒径 0.4mm,含泥量不超过 2%,中砂较细砂比表面积小,相应所用水泥减少,水化热也减小;

(5)在配合比上选用水灰比小,砂率相对低的配合比,以降低水化热;

(6)在混凝土中加 12% ~15% 粉煤灰,减少水化热,增加混凝土的微膨胀作用;

(7)浇筑大体积混凝土时,混凝土采用分层浇筑的方式进行浇筑,每层厚 500mm 左右,上下混凝土浇筑时间间隔不超过 3h,分层浇筑可使水化热易于散发到大气中,使浇筑后的混凝土温度分布比较均匀;

(8)混凝土浇筑完毕后,在混凝土表面采取覆盖双层覆膜草垫,以减少混凝土内外温差,使混凝土内外温差达到小于 25℃ 的要求以减少裂纹的产生;

(9)在施工组织管理上采用集中搅拌、灌车运输、泵送混凝土等技术,从各个环节有效防止了混凝土的裂纹产生;

(10)混凝土浇筑完毕终凝后要及时浇水养护,养护时间不得少于 14 天。

任务二 大体积混凝土的施工要点

一、任务描述

现有某住宅楼施工项目,施工项目部准备开始大体积混凝土施工,施工前要编制大体积混凝土施工方案,准备相关设施,作为该工作参加人员,该进行哪些工作。任务前提:(1)技术已交底;(2)施工项目的情况已提供;(3)混凝土工程相关知识技能已具备;(4)按工作小组进行任务分工;(5)规定该项工作开始和完成的时间;(6)完成任务需要的设施、资料等。

参见附件一:某住宅楼施工项目工程概况。

二、学习目标

通过本学习任务的学习,你应当能:

(1)描述建筑工程大体积混凝土施工的工作内容和大体积混凝土施工的工作流程;

(2)编制大体积混凝土施工方案,掌握大体积混凝土施工工作要点;

(3)按照正确的方法和途径,收集整理大体积混凝土施工资料;

(4)按照大体积混凝土施工的要求和工作时间限定,准备大体积混凝土施工材料和设备;

(5)按照单位施工项目管理流程,完成对大体积混凝土施工方案的审核。

三、内容结构

按照混凝土施工工作的内容、程序,结合本项目的实际情况,将混凝土施工工作内容进行归纳,见图4-1。

四、任务实施

(一)项目引入

任务开始时,由老师发放该项目相关资料,详见附件一、附件二、附件三学生了解本次任务需要解决的问题,参见图4-3。

图4-3 混凝土工程施工现场图

（二）学习准备

引导问题 根据所给项目资料,要完成任务需要哪些方面的知识?

1. 大体积混凝土施工的要点有哪些?

结合前期所学混凝土工程的有关知识和训练,总结归纳大体积混凝土施工要点,一一列出。

提示:主要依据施工规范和大体积混凝土施工方案及图纸等资料。

2. 查阅资料,回答下列问题:

混凝土的类型有哪些? 各自的特点是什么?

提示:了解区分各种混凝土的适用条件。

参考规范如下:

混凝土质量控制标准(GB 50164—92);

混凝土结构工程施工质量验收规范(GB 50204—2002);

粉煤灰混凝土应用技术规范(GBJ 146—90);

混凝土外加剂应用技术规范(GB 50119—2003);

混凝土强度检验评定标准(GBJ 107—87);

混凝土泵送施工技术规程(JGJ/T 10—95)。

3. 根据项目资料,需要分析考虑的问题有哪些?

提示:重点阐述项目结构施工阶段混凝土采用商品混凝土泵送,由加压泵管送至各浇筑点,并辅以布料杆结合泵管就位,梁板浇筑时,梁柱节点处的混凝土,由于钢筋较密,采用细石混凝土辅以人工插捣方式保证节点处理质量。商品混凝土的使用要求,参见本任务参考案例一第二项中的商品混凝土的使用要求。

（三）大体积混凝土施工方案的编写

引导问题 如何进行大体积混凝土施工方案的编制?

1. 方案编制的依据是什么?

2. 方案编制包括哪些内容?

3. 编写大体积混凝土施工方案。

目的:巩固加强所学的混凝土工程知识。

（四）大体积混凝土施工方案的审核

引导问题 如何进行大体积混凝土施工方案的审核?

1. 资料收集

检查此次需准备的资料是否齐全,参见表4-4。

资料准备情况检查表   表4-4

资 料 清 单	完 成 时 间	责 任 人	任务完成则划"√"
			□
			□
			□
			□
			□
			□
			□

2.方案审核

依据实际情况和施工方案的内容,做以下工作:

(1)对照项目资料审核方案的合理性,如不满足要求,如何处理?

(2)结合项目情况和单位的实际情况,检查分析方案的针对性和可操作性,如不符合,如何处理?

3.方案修改和完善

(五)大体积混凝土施工的质量、安全控制

引导问题 如何进行施工质量控制?

1.质量、安全控制的流程和规定是什么?

2.质量、安全控制的内容和方法是什么?

3.不合格方案的修改和处理:

(1)方案如何修改?由谁修改?修改后是否还需要重新审核?

(2)方案修改和完善的质量和时间如何控制?

提示1:

(1)严格依照施工管理的规定和流程执行,做好审核记录,便于检查;

(2)依照"谁做资料谁修改"的原则修改,并需要重新审核;

(3)严格控制修改资料的时间和质量,并重新整理和汇总,注意不要混淆新旧资料等。

提示2:浇筑混凝土要求,参见本任务参考案例一第五项浇筑混凝土要求。

(六)评价与反馈

1.学生自我评价

(1)此次编写大体积混凝土施工方案是否符合项目施工要求?若不符合,请列出原因和存在的问题,并请提出相应的解决方法。

(2)你认为还需加强哪些方面的指导(从实际工作过程及理论知识两方面考虑)?

2.学习工作过程评价表(表4-5)

任务评分表 表4-5

考 核 项 目	分 数			学生自评	小组互评	教师评价	小 计
	合格	良	优				
方案的完整性审查	1	3	5				
方案的合理性、可操作性审查	6	8	10				
总 计	7	11	15				
教师签字:				年 月 日		得 分	

参考案例一:

混 凝 土 工 程

本工程结构施工阶段混凝土采用商品混凝土泵送,由加压泵管送至各浇筑点,并辅以布料杆结合泵管就位,梁板浇筑时,梁柱节点处的混凝土,由于钢筋较密,采用细石混凝土辅以人工插捣方式保证节点处理质量。

一、混凝土的原材料要求

混凝土所采用的水泥、水、集料、外加剂、配合比设计及质量控制等必须符合本技术要求、现行国家和地方的物料、设计及施工规范和有关的规定。

1. 水泥材质要求

（1）本工程要求的水泥是指符合国家标准的普通硅酸水泥，其生产厂家要得到甲方的书面认可。

（2）所有水泥应用生产厂家的袋装水泥，或按符合设计及甲方同意使用的大容器密封包装水泥，且应堆放在仓库或其他密封的地方，以防受潮、变质或污染，并应合理安排水泥的堆放，以便按储存期限，分批使用。

（3）不同品种、标号、出厂日期和出厂编号的水泥应分开运输储存。

（4）在施工中不应使用受潮和掺入杂物的水泥。发包方认为不应使用的水泥应立即从搅拌站运走。施工方有责任检查水泥出厂日期。出厂日期超过2个月的水泥，不可运到工地。存放在工地超过3个月的水泥，不允许使用。

2. 集料的材质要求

（1）各种集料应按国家建筑工程标准的要求取样试验，粗集料不能通过5mm的孔，细集料可通过5mm的孔，粗、细集料混合一起有良好级配配合比，制造出适合施工的、和易性良好的密实混凝土。

（2）粗集料应是清洗干净和坚固的，大小符合不同配合比的要求，它应具有良好形状，针、片状颗粒含量及杂质含量应符合《混凝土及预制混凝土构件质量控制规程》。

（3）细集料应为干净的砂，没有淤泥、黏土、盐及其他不洁净物质。

（4）集料在运输与储存时不得混入能影响混凝土正常凝结与硬化的有害杂质。集料应堆放在干净、坚硬的平面上或集料仓内，以便有效分开不同大小的集料及能防止污染及过度分离。集料堆中应能排走雨水。

（5）集料中碱含量应符合有关标准关于碱活性的规定。

（6）粗集料和细集料的级配应符合国家规程《混凝土及预制混凝土构件质量控制规程》。

3. 拌和用水质要求

（1）凡符合国家标准的生活饮用水，可用于拌制混凝土。

（2）搅拌混凝土所用的水应是干净、清澈的水，没有化学物质或有机的不纯净物质。质量必须符合现行《混凝土拌和用水标准》的规定。若必须在工地储水，应有防止污染措施。

4. 外加剂质量要求

（1）外加剂必须严格按照生产厂家的说明和国家的有关规定使用。

（2）当使用外加剂时，应调节混凝土中水的用量以保持合适的和易性。

（3）外加剂的用量应经试验确定，并提交给发包方同意，方能使用。

（4）含有氯化钙的外加剂，不允许使用。

二、混凝土的配制要求

1. 配合比要求

（1）混凝土施工配合比应委托甲方同意的试验单位进行设计。

（2）试验单位应根据设计图纸要求的混凝土强度等级和施工和易性要求，且符合施工规范的要求进行设计和试配，将结果送交甲方，取得认可后方能使用。

（3）为取得良好的施工效果，可按混凝土构件的大小、钢筋的数量、振捣的方式来选择混凝土的和易性,避免混凝土产生集料松散或在混凝土面出现浮浆,使混凝土具有相当的密实度。

(4)混凝土应具有足够黏性,以防止运输、浇筑施工过程中产生离析。在施工中不应使用混凝土容易离析的配合比。

(5)结构施工的最大集料应符合规范的规定,一般结构为20mm,薄型构件及钢筋稠密部分为10mm,对钢筋较疏的大空间部分或大体积混凝土,可用40mm集料。

(6)水灰比应符合现行规范的要求,一般按适合强度和和易性要求来选择。

2. 商品混凝土的使用要求

(1)商品混凝土的货源应得到甲方的同意且应符合国家规定的要求。对混凝土进行质量控制、规律的运输及持续供应。

(2)按商品混凝土的标签在每批表格中不断记录细集料、集料及水泥的质量。定期试验,确定集料水含量及据此应调节每批掺水量。

(3)在水泥初次与水混合的2h内,混凝土须从车上卸下及浇筑、振捣,在卸下30min内混凝土应振捣浇筑完毕及保持不受影响,直到完全凝固及达到足够强度。

(4)在未得到甲方书面批准前,各类商品混凝土不允许在运输、装卸及浇筑过程中掺加任何种类的混凝土添加剂。

3. 混凝土试配

(1)在混凝土被浇筑前,应进行试配,以证实不同配合比的结构混凝土的强度、和易性及黏聚性符合要求。试配是用以决定相应于每种标号混凝土的合适的配合比。每次试配,应取9个立方体试件。应在第3天,第7天,第28天时,对试件进行分批试验。

(2)做试配的混凝土不能在永久结构的施工中使用。

(3)试配中的混凝土须先进行黏聚力、离析试验,应检查和易性以保证其适合施工法及振实的手段。若配合比满意,再按国家规范《混凝土检验评定标准》的规定、取样、制作、养护和试验,且按规定的方法试验混凝土坍落度和稠度。

三、混凝土的运输

(1)混凝土的运输能力与搅拌、浇筑能力相适应,并应以最少的运转次数、最短的时间将混凝土从搅拌地点运到浇筑地点,以保证拌和物于浇筑时仍具有施工所要求的坍落度或维勃稠度,并保持良好的均匀性。

(2)从搅拌机中卸出后到浇筑完毕的延续时间,不宜超过表4-6的规定。

混凝土温度控制表　　　　　　　　　　表4-6

混凝土强度等级	气温	
	低于25℃	高于25℃
C30及C30以下	120min	90min
C30以上	90min	60min

(3)运送混凝土拌和物的容器应不吸水、不漏浆、内壁平整光洁。黏附的混凝土残渣应及时清除。

(4)运送混凝土的道路宜平整,以防止运输工具颠簸过甚,导致集料离析和泌水,混凝土拌和物均匀性变坏,使其性能明显改变,这些性能包括均匀性、黏聚力、和易性、坍落度及最后强度等。

（5）混凝土运到浇筑地点之前，严禁加水。

（6）为避免离析或污染，应提供合适的挡板或溜槽，使混凝土拌和机、运输车、斜槽、漏斗卸下处垂直落下，混凝土应装入斗中间且从下端开口中卸下，所有仪器设备及工具应保持干净且没有堆浆。

（7）若产生离析，影响的混凝土应重新拌和或除去，污染的混凝土不能使用。

（8）泵管及软管的内径不应小于最大集料尺寸的 3 倍。不应使用铝管，在垂直通道处或不易连接处应使用特强连接器。

（9）按规范规定混凝土泵的位置距垂直管有一段水平距离，即地面水平管长度不宜小于垂直管长度的 1/4，且不宜小于 15m。施工中在混凝土泵 Y 型出料口处 3～6m 处设递止阀。

（10）泵送过程中，其水平与垂直管交接处受到冲击力最大，故应采取加固措施。

泵管的固定方法如图 4-4 所示。

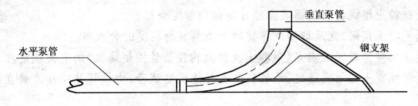

图 4-4　泵管的固定方法示意图

（11）水平管采用 $\phi 20$ 钢筋的支架支承在楼面板上，垂直钢管固定在建筑物框架梁的预埋铁件上，支架形式如图 4-5 所示。

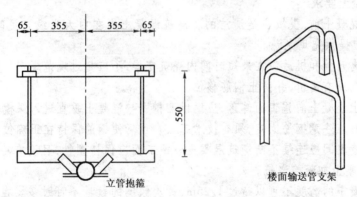

图 4-5　支架形式示意图（尺寸单位：mm）

（12）混凝土泵送：

①混凝土泵启动后，应先泵送适量的水湿润混凝土泵的料斗、混凝土及输送管内壁等直接与混凝土拌和物接触部位，经泵水检查，确认混凝土泵和输送管中无异物后，泵送与混凝土内除粗集料外的其他成分相同的配合比砂浆。

②混凝土开始泵送时，混凝土应处于慢速、匀速并随时可返泵的状态。正常泵送的，泵送要连续进行，当混凝土供应不及时，应放慢泵送速度，保持泵送的连续性。

③泵送过程中，应控制料斗的混凝土量，使混凝土面不低于上口 20cm，以保证泵送混凝土顺利进行。

④在混凝土泵送过程中，若需接长 3m 以上的输送管时，应预先用水和水泥浆进行湿润，润滑管道内壁。

（13）在装入混凝土前用来润滑管道的砂浆不应倒置在模板中。

（14）靠活塞或泵挤压压力将水压入冲洗管道时，应采取措施收集，以防止冲水漏入新浇筑的混凝土。当由气压泵提供的压缩空气冲洗管道时，应小心调节气压，且应有安全装置以免活塞从管端危险地喷出，应从管端卸下混凝土处，留取混凝土作试块。

四、混凝土的拌制要求

（1）拌制混凝土时，必须严格按试配好的配合比和指定的材料进行配料，参见表4-7。

表4-7

混凝土配合比要求表

环境类别	最大水灰比	最小水泥用量	最大氯离子含量	最大碱含量
一类	0.65	$225kg/m^3$	10%	不限制
二（a）类	0.60	$250kg/m^3$	0.3%	3.0

注：混凝土的环境类别详见"03G101—1"图集第35页。

（2）计量混凝土组成材料的器具应经计量部门鉴定合格。

（3）拌制混凝土期间，宜采取措施保持砂石集料具有稳定的含水率。

（4）混凝土的搅拌时间应满足《混凝土及预制构件质量控制规程》的有关规定。

（5）对新拌混凝土应做坍落度、维勃稠度和其他稠度试验，由搅拌站操作人员在搅拌地点检测。

（6）混凝土拌和物的各组成材料必须拌和均匀，颜色一致，不得有露石和离析泌水现象，以保证混凝土拌和物具有良好的和易性。

（7）拌制混凝土时，必须按照混凝土耐久性的基本要求来设计配合比。

五、浇筑混凝土要求

（1）在浇筑混凝土前，模板应是清洁的。浇筑混凝土应在白天光线充足时进行。若有必要在晚上进行，应提供充足光源。

（2）混凝土离开拌和机后应在最短时间内浇筑完毕，不应超过规范规定的延续时间。

（3）浇筑时应没有离析，并防止钢筋移位。

（4）手推车上混凝土向施工面卸落，应提供溜槽引导混凝土垂直进入深模板的柱及墙。

（5）在浇筑时应注意钢筋固定，须有技术工人在现场使钢筋保持在正确位置。

（6）在施工缝之间应连续不断浇筑混凝土。施工面应保持塑性，且没有冷缝，新浇筑混凝土须在已浇筑混凝土初凝前浇筑。

（7）倾倒混凝土的高度不可以超过1.25m，每次倾倒的数量不可过多。在深的部位，应水平且没有倾斜地按每层500mm深浇筑混凝土。在长的墙体中，可用分层连续进行浇筑，上面各层混凝土含水率应减少以吸收下面各层的浆面，减少沉降收缩。

（8）雨天应在有遮盖或其他保护措施下浇筑，否则不能进行。浇筑进行期间，如突然下雨，应停止一切工作。如果下雨前浇筑的混凝土已经凝结，应等到12h后才可以开始浇筑。

六、混凝土的浇筑方式

1. 混凝土运输

混凝土由泵管直接输送至浇筑部位，并辅助人力斗车水平运输。

2. 剪力墙及框架柱混凝土浇筑

（1）墙柱混凝土浇筑应分层连续进行，分层下料振捣厚度控制为：柱子1 000mm，剪力墙500厚。

（2）各层墙柱混凝土浇筑前先浇一层5～10cm厚与混凝土同成分的砂浆，然后再浇筑混凝土。

(3)因层高较高,为减少框架柱底部模板在浇筑混凝土时所受的侧压力,应适当控制混凝土的浇筑时间,当浇筑到2.5m高左右时,以底部最初浇筑的混凝土达到初凝为控制标准。

(4)梁、板混凝土浇筑时,先浇筑梁混凝土,待梁混凝土稍作沉实后进行板混凝土浇筑,现浇板宜采用分仓浇筑的方式,避免楼层混凝土出现较大的收缩。

七、混凝土振捣方式和要求

(1)现场准备足够数量和各种类型的振动器,以便保证整个浇筑工作进行期间,气体以相同的速率排出。

(2)振捣器振捣混凝土应直至得到最合适的密度、没有空隙充满模板及包住钢筋。对配筋的混凝土,当钢筋特别密集及使用的特别配合比确实适合人工振捣时,甲方同意后才允许使用人工振捣。一般来说,连续振捣应直至混凝土变得有塑性,表面有浮浆,停止出现气泡及不再沉落。应避免离析及过度振捣出现的表面浮浆现象。

(3)振捣时防止混凝土出现蜂窝组织、气泡,以尽量保证混凝土浇筑坚固平滑为振捣原则。使用插入式振捣器振捣混凝土时,振捣棒不得碰撞预埋件、模板和钢筋。振捣时各振点均匀或对称排列,按顺序进行,不得漏振,一般棒距不应超过棒的振捣作用半径的1.5倍,且不得超过300mm。

(4)在墙柱需分层浇筑的部位,为了使新旧混凝土浇筑在一起,振捣棒应垂直插入通过新浇筑混凝土,到旧混凝土里面。应缓慢拔出振捣器以防孔隙的形成。振捣棒不应放置在钢筋或其他预埋件上。

(5)在第一次振捣后,新混凝土浇筑前,旧混凝土初凝前墙的上面部分及其他深的部分可重新振捣。

(6)振捣器不能用来作混凝土淌流工具,它们必须保持与倒混凝土处有一段足够距离,以防止平淌流。

(7)使用振捣器时应注意预埋的机电设备,如套管、线管及水管等,避免破坏或移位。

(8)振捣器处于一个位置的时间不可以超过30s。

八、混凝土养护

(1)混凝土浇筑后12h开始养护,养护时间不少于7天。

(2)养护期间墙、柱拆模后应不断洒水养护,保持湿润。不能湿润和干燥交替变换。

(3)现浇楼板的养护在板面覆盖塑料膜进行。应不断地或在一定时间洒水或喷水,且吸收水分的覆盖层应保持湿润,保证不损坏混凝土表面。在拆模后覆盖塑料膜,在覆盖前混凝土表面须用水湿润。

(4)在混凝土初凝前,应对新混凝土表面予以保护,以防雨水或其他物质的侵蚀。

(5)自然养护的构件在混凝土浇筑完毕后,应在12h内加以覆盖和浇水养护。当最高气温高于25°时,覆盖和浇水养护的时间尚应适当提前。浇水养护的延续时间,不得少于7昼夜。日平均气温低于5°时,构件不得浇水养护,但应加以覆盖。

(6)新浇筑混凝土构件,不得用作运输施工材料的途径。若有必要作为运输途径,一般应在浇筑20天,最好一个月后,方可在其上作业。

九、施工缝处理

(1)介于施工缝之间的混凝土浇筑,应持续不间断地进行。

(2)所有的施工缝应是垂直或水平的。垂直的缝应凿成槽口或板缝,提供一个合适的接合口。挡板在该位置应固定或绑紧,水平缝应是笔直及水平的。

（3）在混凝土有足够强度及在浇筑新混凝土前,缝表面应彻底凿毛及清洗干净。在水平缝上的任何浮浆或浮渣应用水、压缩空气、凿子或喷砂处理法刷去、喷去。

（4）在浇筑新混凝土前,缝表面混凝土应湿润,且墙中、柱中的水平缝应抹上一层 1:2 配合比的水泥砂浆,厚度大约 25mm。板中、梁中的垂直和斜缝,厚度应为 50mm。在振实混凝土方面更应小心。

十、整体混凝土施工中不同等级混凝土的接合处理

（1）较高强度混凝土首先浇筑,较低级别混凝土在高强度混凝土初凝前进行浇筑,两者混合一起再振捣。

（2）柱、墙和梁、板混凝土强度等级不同时,应用两层钢丝网,双面用 $\phi 6.5@200$ 点焊固定。

（3）不同级别混凝土接合处,浇筑前应用挡板分开,该挡板在振捣混凝土时逐渐拔出。

（4）剪力墙、柱在各层浇筑时施工缝留置在高出板面处。

十一、混凝土的夏季和冬期浇筑

（1）夏季在较高气温下的混凝土浇筑,必须特别注意施工计划及保持混凝土浇筑的连续性。商品混凝土站及现场分别备用混凝土泵、发电机等设备,以免由于混凝土中断而引起的混凝土质量得不到保证及浇筑时间的延迟。浇筑混凝土应选在下午进行,以减少阳光照射对水分的蒸发,应特别小心保护及养护混凝土。振捣后露出的表面应立即覆盖,保持不断湿润,控制蒸发。

（2）当气温很高又有大风时,应在甲方及现场监理的指导下,经计算后确定在混凝土中加入适当的水分以防止水分的蒸发流失。如有必要,也可在钢筋表面喷水,以降低其温度。

（3）冬期搅拌混凝土,应优先采用加热水的方法。集料是否需要加热,视加热水后能否保证混凝土的温度而定。拌和水及集料加热的温度不得超过表 4-8 的规定。

拌和水及集料的最高加热温度表 表 4-8

项　　次	项　　目	拌　和　水	集　料
1	强度等级小于 42.5 的普通硅酸盐水泥、矿渣硅酸盐水泥	80℃	60℃
2	强度等级等于及大于 42.5 的硅酸盐水泥、普通硅配盐水泥	60℃	40℃

注:水泥不应与 80℃ 以上的水直接接触。当集料不加热时,水可加热到 80℃ 以上,但应先投入集料和已加热的水,经搅拌后再投入水泥。

（4）冬期浇筑混凝土时,应加快混凝土振捣和抹面工序的速度,防止混凝土的热量散失。在混凝土进行加热养护以前,必须保证混凝土的温度在 5℃ 以上。

（5）冬期浇筑时,应做好室外气温记录,并应加强收听气象预报,注意气温的突然变化,以便采取措施防止混凝土构件受冻。

十二、混凝土试验及混凝土试验结果的评定

（1）新浇筑混凝土构件,不得用作运输施工材料的途径。混凝土构件一般应在浇筑 20 天,最好一个月其强度达到设计值以后,方可在其上使用。

（2）新浇筑混凝土及混凝土立方块的试验必须按《混凝土强度检验评定标准》（GBJ 107—87）的规定取样、制作、养护和试验,其强度必须符合《建筑工程质量检验评定标准》的规定。

（3）为了控制混凝土稠度，应按照国家标准规定进行坍落度试验和维勃稠度试验。

（4）用于检验评定的混凝土强度应以边长为150mm的标准尺寸立方体试件强度试验结果为准。当采用非标准尺寸的试件时，应将其强度换算成标准试件强度。从混凝土卸浇点及浇筑点所取混凝土试样，应按有关规定制作及养护。

（5）为了区分每个试块，所有试块应清楚地标明编号。试压报告的记录包括：工程地点、编号、供应厂家、配合比、强度标号、浇筑日期、浇筑构件、坍落度、强度试验结果。

（6）试件由甲方认可的有资质的试验单位进行，所有试块送至同样的试验单位试验。

（7）施工现场应准备坍落度试验设备，以便随时在甲方要求下进行试验。非同批拌和的混凝土，应分别制作试件。

（8）若混凝土立方块试验不符合验收标准，应由检测单位进行没有破坏的试验或抽心试验及回弹试验。回弹试验的方法如下：试验的混凝土表面应平滑，且擦至集料露出，必须在粗集料之外进行试验，每处做12个试验，不计最高及最低读数，该位置结果为余下10个读数的平均值。每10层楼至少要进行3次抽心实验。对于所选定的试验构件，至少要抽取3个样品。最后以3个样品的平均结果作为评定值。

（9）混凝土试验结果的评定应按《混凝土强度检验评定标准》（GBJ 107—87）进行，若混凝土7天早期强度低于国家规定的标准值，对所受影响区域，不能拆除除模板和支撑；若混凝土28天强度低于国家规定的标准值，立即调查原因。

十三、混凝土质量保证措施

（1）混凝土搅拌设备运转情况应随时检查，以保证计量准确，混凝土搅拌充分。施工现场应派专人随时对商品混凝土的质量进行监控和检测。

（2）现浇模板混凝土浇筑前，检查支模架是否牢固，架子扣件是否拧紧，浇筑时专人负责监控模板及支撑的稳定情况。

（3）浇筑楼板混凝土时，应用铁凳铺架板搭设临时通道，供操作人员施工行走，禁止作业人员踩踏板面负筋。

（4）混凝土振捣人员必须持证上岗，浇筑现场应由专业工长负责指挥。

（5）剪力墙混凝土浇筑前，应由专人检查墙体对拉片或对拉螺杆是否按设计的间距安设好，且墙体模板两侧的钢管背杠和斜撑是否顶牢，以保证墙体模板能抵抗混凝土的侧压力不变形、不胀模。

（6）混凝土浇筑前，应向气象台咨询天气情况，避开大风、暴雨和高温天气浇筑混凝土，以防止恶劣气候对混凝土质量产生不利影响。

（7）混凝土试块在浇筑过程中，分部位进行随机取样，取样部位及数量按规范要求执行。

参考案例二：

基础筏板大体积混凝土施工

一、钢筋工程

结构基础分筏板基础和独立桩基两种类型，筏板以网片粗钢筋为主，钢筋接长安排在场内对焊，部分接头在钢筋就位绑扎后实施水平窄间隙焊。成批焊接前先作试件，由此确定焊接参数及焊机工作性能，合格后方可投入批量生产。

为确保上层网片筋的成型质量，在下网筋基本就位后，按双向@2 500mm布置立杆搭设满堂脚手架，上口统一标高，临时支撑上网筋就位，待撑铁安装后拆除。

1 100mm 厚筏板上层筋支架按设计要求采用 ϕ25 钢筋马镫支撑,间距双向 1.0m,并呈梅花形布置。后浇带处为防止混凝土外溢,特设置双层钢板网拦截,钢板网固定采用竖向筋 ϕ16@300,水平筋 ϕ12@150,外侧焊接 ϕ25@600 斜撑。

二、混凝土工程

基础筏板厚 1 100mm,结构分区设置纵横上下贯通后浇带。设计混凝土强度等级为 C30,混凝土中加膨胀剂。

筏板混凝土浇筑以单元为主划线共分为 3 块,筏板混凝土浇筑用两台泵送进行,两台泵机分别布置在基坑两侧。混凝土的浇筑方向由三单元向一单元推进。每块筏板最宽处约 40m,长约 35m,混凝土量约为 1 540m³,三块筏板混凝土总量约 4 500m³;混凝土筏板浇筑时要求商品混凝土厂家每小时供 7 车混凝土,混凝土分层厚度 300mm,商品混凝土流幅 10m 左右,每覆盖一层需 40×35×0.3 = 42m³ 左右,每车混凝土按 6.5m³ 计算,则每小时 7 车混凝土共45.5m³,需 1h 可返回进行第二层混凝土浇筑,按此速度,完全能保证混凝土不出现冷缝。

预计每段筏板混凝土浇筑持续时间在 2 天左右,浇灌前建设单位应到供电局落实双电源有无停电计划,如不能保证持续供电,浇灌时间应作调整。

筏板施工前,应注意近期和中期天气预报,材料上准备足够雨季施工用具,以便连续施工。

长时间连续作业,班组及管理人员作轮班制安排,施工中分工明确,责任落实到人,工序搭接要求有条不紊。

针对商品混凝土特性,采取"分段定点,一个坡度,斜面分层,循序渐进,一次到顶"的方法以及自然流淌形成斜坡的浇灌方法,能减少混凝土的泌水,保证上、下层混凝土结合不超过初凝时间,防止出现冷缝。

防水混凝土浇灌过程中应注意:

(1)由于采取斜向分层浇筑,振捣器应从低处往高处振捣,即振捣方向与混凝土成型推进方向相反。

(2)组与组之间一定要落实到人,并派专人在各组间进行检查,确保不漏振。

(3)钢筋密集处更应细致,认真振捣。

(4)平仓由专人负责,根据柱插筋上抄定标高,拉线控制,确保表面平整、标高准确。

(5)严格实行交接班制。

混凝土组织运输方案由商品混凝土站专题报送。

三、大体积混凝土控温防裂

筏板属大体积混凝土施工。预计 8 月份进行筏板浇灌,平均气温约 32℃,经计算,其体内最高温度为 44.78℃,计算结果附后,按内外温差不大于 25℃ 计算,表面温度应控制在 25℃ 之上,并要求温降曲线平缓。

地下室大体积混凝土底板施工混凝土温度的控制:

该工程筏板板厚 1 100mm,混凝土量约 4 500m³,为了降低水化热对混凝土的影响,对大体积筏板混凝土水化热进行以下计算:

筏板混凝土强度等级为 C30;按平均温度 32℃,年平均湿度 80% 计算;混凝土中水泥用量按 400kg/m³ 计算。

1. 混凝土拌和温度(表4-9)

每 1m³ 混凝土原材料重量、温度、比热及热量表　　　表4-9

材料名称	质量 W (kg)	比热 C (kJ/kg·k)	$W \cdot C$ (kJ/℃)	材料温度 T_i (℃)	$T_i \cdot W \cdot C$
水	180	4.2	756	15	11 475
水泥	400	0.82	328	26	9 932
砂子	773	0.78	603	26	15 678
石子	1 067	0.68	726	28	20 328
合计	2 420		2 413		57 413

混凝土拌和温度:

$$T_C = \sum T_i \cdot W \cdot C / \sum W \cdot C$$
$$= 57\,413/2\,413 = 23.79℃$$

2. 混凝土出罐温度

由于搅拌站为露天,因此 $T_1 = T_C = 23.79℃$

3. 混凝土浇筑温度的计算

混凝土由搅拌车运至现场,卸料需 2min,运料 20min。

浇筑一车混凝土需 8min,则温度损失值为:

卸料:　　　　　　　$A_1 = 0.032$

浇捣:　　　　　　　$A_2 = 0.003 \times 8 = 0.024$

运料:　　　　　　　$A_3 = 0.003\,7 \times 20 = 0.074$

则:　　　　　　　$\sum A = A_1 + A_2 + A_3 = 0.13$

所以:　　　　$T_j = T_C + (T_q + T_C) \cdot (A_1 + A_2 + A_3)$
$$= 23.79 + (32 - 23.79) \times 0.13$$
$$= 24.86℃$$

4. 混凝土绝热温升

3 天时水化热温度最大,故计算 3 天的绝热温升。混凝土浇筑厚度 1.1m

普通硅酸盐水泥每公斤水泥发热量 Q 为 461kJ/kg

查表:$1 - e^{-m\tau} = 0.657$,则混凝土最终绝热温升为:

$$T_\tau = \frac{WQ}{CP}(1 - e^{-m\tau})$$
$$= 400 \times 461 \times 0.657 / 0.97 \times 2420 = 51.61℃$$

当浇筑层厚 = 1.1m 时,查表及 3 天龄期的 $\xi = 0.386$

$$T_3 = T_\tau \cdot \xi = 51.61 \times 0.386 = 19.92℃$$

5. 混凝土内部最高温度:

$$T_{max} = T_j + T_\tau \cdot \xi = 24.86 + 19.92 = 44.78℃$$

6. 混凝土表面温度的计算

采用组合钢模,用 1 层 3cm 草垫加两层塑膜养护。

大气温度 $T_q = 32℃$

(1)混凝土的虚铺厚度:　　$h' = K\lambda/\beta$
$$\beta = 1/(\sum \delta_1/\lambda_1 + 1 + 1/\beta_q)$$

δ_1 为保温材料厚度:3cm

查表得:保温材料的导热系数　　　$\lambda_1 = 0.14 \cdot W/(m^2 \cdot K)$

　　　　空气传热系数　　　　　　$\beta_q = 23W/(m^2 \cdot K)$

则　　　　　　　　　　$\beta = 1/(0.03/0.14 + 1/23) = 1/(0.21 + 0.04)$

　　　　　　　　　　　　$= 4.00$

所以　　　　　　　　$h' = 0.666 \times 2.33/4.00 = 0.387m$

(2)混凝土计算厚度

$$H = h + 2h'$$

$$= 1.1 + 2 \times 0.387 = 1.874m$$

$$T_{(\tau)} = T_{max} - T_q$$

$$= 44.78 - 32 = 12.78℃$$

(3)混凝土表面温度

$$T_{b(\tau)} = T_q + \frac{4}{H^2} \cdot h'(H - h')T_{(\tau)}$$

$$= 32 + (4/1.874^2) \times 0.387 \times (1.874 - 0.387) \times 12.78$$

$$= 32 + 8.38 = 40.38℃$$

结论:混凝土中心最高与表面温度之差即:$T_{max} - T_{b(\tau)} = 44.78 - 40.38 = 4.4℃$,未超过 25℃ 的规定,表面温度与大气温度之差$(T_{b(\tau)} - T_q) = 40.38 - 32 = 8.38℃$,亦未超过 25℃。故只需用单层塑膜加双层 3cm 厚草垫即可保温防裂。

根据众多大体积混凝土施工的经验,在混凝土收面终凝时,以单层塑膜覆盖,防止水分蒸发,继而以单层草袋错缝叠覆,其上表面再以单层黑色塑膜覆盖,形成被复,能满足保温及混凝土内外温差及抗裂要求,具体保温抗裂计算校核在今后混凝土配合比、水泥品种选用,浇筑时间气温预测确定后予以补充。对其管理要求如下:

(1)保持草袋干燥,不得淋水以保证保温效果,但应注意防火,严禁在上吸烟和无防护施焊。

(2)放线应在晴天进行,限制揭复时间 <4h,放线后立即覆盖还原。

大体混凝土温差监控工作安排如下:

(1)由建设单位委托专业单位进行电偶测温测点布设,公司提供现场配合。

(2)混凝土终凝 2h 后,由微机监控自动记录各测点温度,每 6h 测一次温差,如内外温差有超越 25℃ 之势,即向责任工长报告,采取增加混凝土表面保温材料措施,以达到控温防裂目的。

(3)现场监测工作结束,须整理数据,提出测温分析报告,存档备查。

学习情境五 防水保温施工

任务一 屋面防水保温的施工要点

一、任务描述

现有某住宅楼施工项目,施工项目部准备开始屋面防水保温施工,施工前要编制屋面防水保温施工方案,准备相关设施,作为该工作参加人员,该进行哪些工作。任务前提:(1)技术已交底;(2)施工项目的情况已提供;(3)屋面工程相关知识技能已具备;(4)按工作小组进行任务分工;(5)规定该项工作开始和完成的时间;(6)完成任务需要的设施、资料等。

参见附件一:某住宅楼施工项目工程概况。

二、学习目标

通过本学习任务的学习,你应当能:

(1)描述建筑工程屋面防水保温施工的工作内容和屋面防水保温施工的工作流程;

(2)编制屋面防水保温施工方案,掌握屋面防水保温施工工作要点;

(3)按照正确的方法和途径,收集整理屋面防水保温施工资料;

(4)按照屋面防水保温施工的要求和工作时间限定,准备屋面防水保温施工材料和设备;

(5)按照单位施工项目管理流程,完成对屋面防水保温施工方案的审核。

三、内容结构

按照屋面施工工作的内容,结合本项目的实际情况,将屋面施工工作内容进行归纳,见表5-1。

屋面工程质量控制措施表　　　　　　　　　　　　表5-1

序　号	控制重点	影响质量因素	采取技术、管理措施
1	屋面坡度	坡度不正确	坡度层施工前,应按水落口位置弹出分水和汇水线。按坡度设置各点找坡层铺设高度的控制标准
2	泛水细部防水效果	泛水细部做法不合乎要求	1. 找平层在突出屋面结构连接处、女儿墙的阳角均应作圆弧形式。 2. 女儿墙上按规范要求高度和形状留设卷材收头的凹槽。 3. 防水层施工完后,女儿墙上抹灰保护,并在墙脚处用细石混凝土抹成 $R=150$ 的圆弧,对防水层收头起到保护作用。
3	防水卷材	材料质量及黏贴质量	1. 选择符合国家标准的材料,其耐热度和柔韧性、黏结力必须符合要求。 2. 找平层必须平整、清洁、干燥、无空鼓现象。 3. 防水材料接缝正确,接缝长度符合规范。

四、任务实施

(一)项目引入

任务开始时,由老师发放该项目相关资料,详见附件一、附件二、附件三。学生了解本次任务需要解决的问题,参见图5-1。

图5-1 屋面工程防水施工现场图

(二)学习准备

引导问题 根据所给项目资料,要完成任务需要哪些方面的知识?

1. 屋面防水保温施工的要点有哪些?

结合前期所学屋面工程的有关知识和训练,总结归纳屋面防水保温施工要点,一一列出。

提示:主要依据施工规范和屋面防水保温施工方案及图纸等资料。

2. 查阅资料,回答下列问题:

(1)屋面防水保温的类型有哪些? 各自的特点是什么?

(2)各种屋面防水保温的适用条件是什么?

提示1:屋面工程施工顺序:

基层处理→找坡层→找平层→保温层→防水层→保护层→地砖地面→勾缝隙→清理验收。

提示2:找坡保温层施工工艺,参见图5-2。

基层处理→弹线找坡→管根固定→隔汽层铺设→抹找平层。

提示3:屋面珍珠岩保温板施工工艺流程:

屋面找平层检查→清除屋面找平层上的油污→放线排版→在珍珠岩板上满涂专用胶黏剂→将珍珠岩保温板按排板位置黏贴在屋面找平层上→机械固定处理(如加锚固件等)→约24h后涂抹第一遍抹灰胶浆2~3mm,随后即用模子将耐碱玻纤网格布压入第一遍抹面胶浆中→涂抹第二遍抹面胶浆约1~2mm→贴屋面面砖。

参考规范如下:

中华人民共和国建筑法;

建筑工程施工安全生产管理条例；

四川省关于墙体节能有关规定；

建筑装饰装修工程质量验收规程（GB 50210—2001）；

夏热冬冷地区居住建筑节能设计标准（JGJ 134—2001）；

四川省夏热冬冷地区居住建筑节能设计标准（DB 51/5027—2002）；

居住建筑节能保温隔热工程质量验收规程（JGJ 144—2004）；

屋面工程质量验收规范（GB 50207—2002）。

图 5-2　屋面工程防水施工现场图

3.根据项目资料,需要分析考虑的问题有哪些?

提示:屋面防水保温施工要求,参见本任务参考案例—第一项施工组织。

（三）屋面防水保温施工方案的编写

引导问题　如何进行屋面防水保温施工方案的编制?

1.方案编制的依据是什么?

2.方案编制包括哪些内容?

3.编写屋面防水保温施工方案。

目的:巩固加强屋面工程的所学知识。

（四）屋面防水保温施工方案的审核

引导问题　如何进行屋面防水保温施工方案的审核?

1.资料收集

检查此次需准备资料是否齐全,参见表 5-2。

资料准备情况检查表　　　　　　　　　　　　　　　　　　　　表 5-2

资　料　清　单	完　成　时　间	责　任　人	任务完成则划"√"
			☐
			☐
			☐
			☐
			☐
			☐
			☐

2. 方案审核

依据实际情况和施工方案的内容,做以下工作:

(1)对照项目资料审核方案的合理性,如不满足要求,如何处理?

(2)结合项目情况和单位的实际情况,检查分析方案的针对性和可操作性,如不符合,如何处理?

3. 方案修改和完善

(五)屋面防水保温施工的质量、安全控制

引导问题 如何进行施工质量、安全控制?

1. 质量、安全控制的流程和规定是什么?

2. 质量、安全控制的内容和方法是什么?

3. 不合格方案的修改和处理:

(1)如何修改?谁修改?修改后是否还需要重新审核?

(2)修改和完善的质量和时间如何控制?

提示1:

(1)严格依照施工管理的规定和流程执行,做好审核记录,便于检查;

(2)依照"谁做资料谁修改"的原则修改,并需要重新审核;

(3)严格控制修改资料的时间和质量,并重新整理和汇总,注意不要混淆新旧资料等。

提示2:屋面珍珠岩保温板施工质量验收标准,参见本任务参考案例一第三项找坡保温施工方案中的质量验收标准。

珍珠岩保温板安装的允许偏差和检验方法见表5-3。

珍珠岩保温板安装的允许偏差和检验方法表 表5-3

项次	项 目	允许偏差(mm)							检 验 方 法
		石材			瓷板	木材	塑料	金属	
		光面	剁斧石	蘑菇石					
1	立面垂直度	2	3	3	2	1.5	2	2	用2m垂直检测尺检查
2	表面平整度	2	3	—	1.5	1	3	3	用2cm靠尺和塞尺检查
3	阴阳角方正	2	4	4	2	1.5	3	3	用直角检测尺检查
4	接缝直线度	2	4	4	2	1	1	1	拉5m线,不足5m拉通线,用钢直尺检查
5	接缝高低差	0.5	3	—	0.5	0.5	1	1	用钢直尺和塞尺检查
6	接缝宽度	1	2	2	1	1	1	1	用钢直尺检查

(六)评价与反馈

1. 学生自我评价。

(1)此次编写屋面防水保温施工方案是否符合项目施工要求?若不符合,请列出原因和存在的问题,并请提出相应的解决方法。

(2)你认为还需加强哪些方面的指导(从实际工作过程及理论知识两方面考虑)?

2. 学习工作过程评价表(表5-4)。

考核项目	分 数			学生自评	小组互评	教师评价	小 计
	合格	良	优				
方案的完整性	1	3	5				
方案的合理性、可操作性	6	8	10				
总 计	7	11	15				

教师签字： 年 月 日 得分

参考案例一：

屋面防水保温施工方案

一、施工组织

本工程屋面防水等级为 II 级,两道设防,使用年限为 15 年。屋面工程作为整个建筑工程重要组成部分,为质量检查评验的主要部分工程之一,其施工质量的优劣,不仅关系到建筑物的使用寿命,而且直接影响到业主的正常使用。为确保工程质量,决定从以下几个方面进行精心施工组织,为业主服务。

(1)合理安排工序时间,在主体工程验收合格,并完成屋面女儿墙砌筑后,即插入屋面工程施工。

(2)认真熟悉图纸,明确设计意图,并进行有针对性的技术交底工作。

(3)坚持质量三检制,严把每道工序的质量关。

(4)加强各种材料的进场检验关,不合格产品一律不准入场使用。

(5)总体统筹防水专业施工队伍的选择,通过内部招标方式,选择有资质、施工水平高,而且服务有保障的防水专业队伍进场施工。

二、施工顺序及工期控制

(一)施工顺序

基层处理→找坡层→找平层→保温层→防水层→保护层→地砖地面→勾缝隙→清理验收。

(二)工期控制

根据总体工期安排,屋面工期确定为 30 个日历天。其中找坡层安排 5 天,找平层安排 5 天,保温层 7 天,防水层安排为 5 天,其余 8 天。

屋面工程自主体验收合格,及屋面女儿墙砌筑完成后进行插入,不占绝对工期。

三、找坡保温层施工方案

(一)施工工艺

基层处理→弹线找坡→管根固定→隔汽层铺设→抹找平层。

(二)施工方案

(1)基层处理:现浇混凝土结构层表面,应将杂物、灰尘清理干净。

(2)弹线找坡:按设计坡度及流水方向,找出屋面坡度走向,确定保温层的厚度范围。

(3)管根固定:穿结构的管根在保温层施工前,应用细石混凝土塞堵密实。

(4)隔汽层施工:2~4道工序完成后,设计有隔汽层要求的屋面,应按设计要求做隔汽层,涂刷均匀无漏刷。

(5)保温层铺设:保温层必须干燥后才能进行下道工序施工,若保温隔热材料含湿量大,干燥有困难须采取排气干燥措施。铺设的憎水珍珠岩保温板应平整、均匀、不翘边,上下层应错缝并嵌填密实。

(三)质量验收标准

1. 主控项目

(1)保温材料的强度、密度、导热系数和含水率,必须符合设计要求和施工及验收规范的规定;材料技术指标应有试验资料。

(2)按设计要求及规范的规定采用配合比及黏结材料。

2. 一般项目

应紧贴基层铺设,铺平垫稳,找坡正确,保温材料上下层应错缝并嵌填密实。

3. 允许偏差项目(表5-5)

保温(隔热)层的允许偏差和检验方法   表5-5

项 次	项 目		允许偏差(mm)	检 验 方 法
1	整体保温层 表面平整度	无找平层	5	用2m靠尺和楔形尺检查
		有找平层	7	
2	保温层厚度	松散材料	+10δ/100 -5δ/100	用钢针插入和尺量检查
		整体		
		板状材料	±5δ/100 且不大于4	
3	隔热板相邻高低差		3	用直尺和楔形塞尺检查

(四)成品保护

(1)隔汽层施工前应将基层表面的砂、土、硬块杂物等清扫干净,防止降低隔汽效果。

(2)在已铺设好的板状保温层上下不得施工,应采取必要措施,保证保温层不受损坏。

(3)保温层施工完成后,应及时铺抹水泥砂浆找平层,以保证保温效果。

四、找平层施工方案

(一)施工工艺流程

基层清理→管根封堵→标高坡度弹线→洒水润湿→施工找平层→养护→验收。

(二)施工方案

(1)基层清理:将结构层、保温层上表面的松散杂物清扫干净,凸出基层表面的灰渣等黏结杂物要铲平,不得影响找平层的有效厚度。

(2)管根封堵:大面积做找平层前,应先将出屋面的管根、变形缝处理好。

(3)洒水润湿:抹找平层水泥砂浆前,应适当洒水润湿基层表面,主要是利用基层与找平层的结合,但不可洒水过量,以免影响找平层表面的干燥,防水层施工后涡住水气,使防水层产生空鼓。所以洒水应以基层和找平层能牢固结合为度。

(4)贴点标高、冲筋:根据坡度要求,拉线找坡,一般按1~2m贴点标高(贴灰饼),铺抹找平砂浆时,先按流水方向以间距 1~2m 冲筋,并设置找平层分格缝,宽度一般为 20mm,并且将缝与保温层连通,分格缝最大间距为 6m。

(5)铺装水泥砂浆:按分格块装灰、铺平,找坡后用木抹子搓平,铁抹子压光。待浮水沉失后,人踩上去以有脚印但不下陷为度,再用铁抹子压第二遍即可成活。找平层水泥砂浆一般配合比为 1:3,拌和稠度控制在 7cm。

(三)质量验收标准

1. 主控项目

(1)原材料及配合比,必须符合设计要求和施工及验收规定。

(2)屋面、天沟、檐沟找平层的坡度,必须符合设计要求,平屋面坡度不小于 3%;天沟檐沟找平层的坡度,必须符合设计要求,平屋面坡度不小于 3%;天沟、檐沟纵向坡度不宜小于 5%。

(3)水泥应有出厂合格证,试验资料。

2. 一般项目

(1)水泥砂浆找平层无脱皮、起砂等缺陷。

(2)找平层与突出屋面构造交接处和转角处,应做成圆弧形或钝角,且要求整齐平顺。

(3)找平层分格缝留设位置和间距,应符合设计和施工验收规范的要求。

3. 允许偏差项目(表 5-6)

屋面找平层允许偏差   表 5-6

项　　次	项　　目	允许偏差(mm)	检验方法
1	表面平整	5	用 2m 靠尺和楔尺检查

五、屋面珍珠岩保温板施工方案

(一)施工工艺流程

屋面找平层检查→清除屋面找平层上的油污→放线排版→在珍珠岩板上满涂专用胶黏剂→将珍珠岩保温板按排板位置黏贴在屋面找平层上→机械固定处理(如加锚固件等)→约 24h 后涂抹第一遍抹灰胶浆 2~3mm,随后即用摸子将耐碱玻纤网格布压入第一遍抹面胶浆中→涂抹第二遍抹面胶浆约 1~2mm→贴屋面面砖。

(二)施工方法

(1)屋面找平层检查:用 2 000mm 靠尺全数检查屋面的平整度和垂直度,对于检查不合格的屋面进行修补,直至合格。

(2)清洗屋面:将屋面上的混凝土毛刺、浮浆、油污等清洗干净,以保证珍珠岩保温板与屋面找平层沾接牢固。

(3)放线排版:根据屋面和珍珠岩保温板尺寸在屋面找平层上画线排版,非整块保温板排在不显眼部位。

(4)珍珠岩保温板涂专用胶黏剂:在珍珠岩保温板上满涂专用胶沾剂,然后按事先排好板的秒线将珍珠岩保温板沾贴屋面找平层上墙上。

(5)机械固定处理:用专用尼龙胀管自攻螺钉固定珍珠岩保温板,专用尼龙胀管自攻固定螺钉 9 个/m²。

(6)贴耐碱玻纤网格布:约 24h 后涂抹第一遍抹灰胶浆 2~3mm,随后即用摸子将耐碱玻纤网格布压入第一遍抹面胶浆中,然后再涂抹第二遍抹面胶浆约 1~2mm。

（三）质量验收标准

1. 一般规定

（1）材料进场后，首先检查材料的产品合格证书、性能检测报告、进场验收记录和复验报告，合格者收，不合格者退场。

（2）后置埋件应做施工现场拉拔检测实验。

（3）相同材料、工艺和施工条件的室外饰面板工程每$500 \sim 1\,000\text{m}^2$应划分为一个检验批，不足$500\text{m}^2$也应划分为一个检验批。

（4）检查数量室外每个检验批每100m^2应至少抽查一处，每处不得小于100。

2. 主控项目

（1）珍珠岩保温板品种、规格、颜色和性能应符合设计要求。

检查方法：观察；检查产品合格证书、进场验收记录和性能检测报告。

（2）珍珠岩保温板与墙的连接件的数量、规格、位置、连接方法和防腐处理必须符合设计要求。珍珠岩保温板安装必须牢固。

检查方法：手板检查；检查进场验收记录、现场拉拔检测报告、隐蔽工程验收记录和施工记录。

3. 一般项目

（1）表面平整、洁净，色泽一致，无裂痕和缺损。

检查方法：观察。

（2）珍珠岩保温板安装的允许偏差和检验方法见表5-3。

六、卷材防水层施工方案

（一）防水工程的指导原则

（1）防水主材及其辅材的优选，保证其完全满足该工程使用功能和设计以及规范的要求；

（2）防水作法及防水节点设计必须科学合理，对防水施工的质量必须进行严格管理和控制；

（3）对防水层的保护措施和防水保护层的施工要确保防水的安全可靠性；

（4）对结构施工缝、结构断面变化的地方以及阴阳角等特殊部位必须采取最为安全稳定的防水方法；

（5）屋面防水重点要处理好屋面接缝处、阴阳角、水电管道等薄弱部位的防水节点和防水层施工的质量控制。

（二）施工工具准备

（1）一般工具：喷枪、液化罐、抹子、剪裁和测量工具及劳保防护用品等；

（2）其他工具：指为保证工期，基层比较潮湿的情况下施工时需土建单位负责提供的排风扇、碘钨灯等。

（3）消防器材：灭火器。

（三）选材

1. 材料品种及性能

根据要求，屋面材料选用3mm厚SBS改性沥青防水卷材；厨卫间材料选用2.0mm厚非焦油聚氨酯防水涂膜。

2. 材质要求

（1）材料的各项理化指标符合国家标准；

（2）材料应附有国家法定质检部门的合格检验报告；

（3）材料应有生产厂家出厂合格证，并有该材料的检验报告、生产日期、出厂日期等。

（四）施工人员要求

防水施工人员必须持有操作人员上岗证，方能上岗操作。

（五）卷材施工

施工前监理、甲方以及施工单位必须进行基层验收，验收合格并办理交接手续后，方可进行卷材的施工。

1. 基层的要求

用1:3水泥砂浆做30mm厚的找平层，找平层应平整(2m直尺检查，直尺与基层间隙不大于5mm，并且平滑变化每米长度内不能多于1处)压实，二次压光，不得有舒松、起砂、起皮现象。

基层与突出屋面结构(女儿墙、山墙、天窗壁、变形缝、烟囱等)的交接处和基层的转角处，找平层应做成半径为50mm的圆弧，并用防水油膏嵌实。找平层的排水坡度不小于：平屋面结构找坡为3%；采用材料找坡屋面宜为2%；天沟、檐沟纵向找坡为1%。找平层的含水率不得大于10%(以1m²卷材静放在找平层上3~4h后，取开无水印为合格)。

2. 屋面防水作法

（1）清理基层、检查工具(操作人员不得穿钉鞋，应穿软平底鞋施工)。

（2）刷基层处理剂(同材性胶黏剂)两道。

（3）细部处理：

①热熔满贴加强层；

②落水口细部处理；

③排水管细部处理；

④热熔点贴3mm厚SBS改性沥青防水卷材层。

（4）将卷材底面和基层加热，等表面沥青熔化一薄层后边烘烤边向前滚动卷材，其搭接宽度符合规范要求。

（5）黏结要均匀不可漏熔，应有少量多余的热熔沥青挤出，形成条状，并用抹子进行收边抹平。

（6）女儿墙防水高度应符合设计要求，并将收头处热熔嵌入女儿墙预留槽内压实。

（7）检查处理。

（8）进行闭水试验(应符合规范时限)，达到验收规范要求。

（9）20mm厚1:2.5水泥砂浆保护层。

（六）检查验收

检查数量：全数检查；

检查方法：观察检查；

验收：防水工程结束后，由业主、监理、施工三方共同验收，工程质量必须满足规范要求，达到优良标准。

（1）卷材接头不得有褶皱、孔洞、翘边和封口不严等缺陷，接缝处必须有明显的热熔沥青条溢出。

（2）在管根周围及立面等部位卷材防水层末端收头处，必须黏结牢固，密封良好。涂层防水不得有漏刷现象。

（3）验收完毕后，立即办理验收手续。验收时施工方应提交以下技术文件：

①防水材料合格证及检验报告；

②现场质量检查及隐蔽工程验收记录；

③每个工序的检查及交接记录。

参考案例二：

江南别院项目

屋面 XPS 挤塑板专项施工方案

一、施工方案

长庆 XPS 板是一种硬质挤塑式聚苯乙烯保温绝热材料，是以聚苯乙烯树脂加上其他的原辅料与聚合物，通过加热混合同时注入催化剂，然后挤塑压出成型制造的截面均匀的硬质保温绝热材料。具有完美的闭孔蜂窝结构，这些蜂窝结构的互联壁有一致的厚度，完全不会出现空隙，这种结构让长庆 XPS 挤塑板具有了优越的保温绝热性能、极佳的抗湿性能、超长的耐久性能与高抗压缩性能。

聚苯乙烯本身就是一种极佳的低导热原料，再辅以挤塑板压出，其紧密的蜂窝结构能更为有效地阻止热传导，从而具有非常优越的保温隔热性能，同时在达到相同热阻时大大优于其他保温材料的小容重性，优良的抗湿性与超大的耐久性与高抗压缩性更使长庆 XPS 板具有极大的施工便利性，并减少了施工成本，其广泛应用符合建筑设计规范的节能标准，能够创造出最佳的经济效益。

（一）XPS 挤塑式聚苯乙烯保温板施工工艺流程

基层处理，打底找平（总包）→黏贴砂浆→XPS 挤塑板。

（二）施工条件

1. 材料准备

黏结砂浆、XPS 挤塑板。

2. 劳动力、机械设备

根据屋面的工作量及工期要求应合理安排劳动力和机械设备以及施工工具。

3. 人员的培训

重点在产品、工艺、施工步骤、注意事项、安全须知及安全措施等方面。

（三）施工工序及要求

1. 基层处理

（1）清除已验收合格基层的油污及风化物等影响黏结强度的材料。

（2）对屋面基层平整度超差部分应剔除或用 1:3 水泥砂浆修补平整。

2. 挂基准线

施工过程中每层适当挂水平线，以控制挤塑板黏贴的平整度。

3. 专用黏结剂

（1）使用一只干净的塑料搅拌桶倒入 50kg 干混砂浆，加约 15～20kg 的洁净水，注意应边加水边搅拌，然后用手持式电动搅拌器搅拌约 5min，直到搅拌均匀，且稠度适中为止，以保证黏结砂浆有一定黏度。

(2)以上工作进行完成后,应将配好的砂浆静置 5min,再搅拌即可使用。调好的砂浆宜在 1h 内用完。

4.黏结 XPS 挤塑板

(1)根据设计图纸的要求,在经平整处理的屋面上用墨线弹出水平线,标出挤塑板的黏贴位置。

(2)挤塑板的黏贴可采用条黏法:在挤塑板的背面全涂上黏结胶浆(即黏结胶浆的涂抹面积与挤塑板板面面积之比为 100%),然后将专用的锯齿抹子紧压挤塑板板面,并保持成 45°,刮除锯齿间多余的黏结胶浆,使挤塑板面留有若干条宽为 10mm,厚度为 13mm,中心距为 40mm 且平行于挤塑板长边的浆带。

(3)挤塑板抹完黏结胶浆后,应立即将板平贴在屋面上滑动就位。黏贴时动作应轻揉、均匀挤压。为了保持屋面的平整度,应随时用一根长度超过 2.0m 的靠尺进行压平操作。

(4)XPS 挤塑板贴牢后,应随时用专用的搓抹子将板边的不平处搓平,尽量减少板与板间的高差接缝。当板缝间隙大于 1.6mm 时,则应切割挤塑板条将缝填实后磨平。

(5)黏贴好的挤塑板应用粗砂纸磨平,然后再将整个挤塑板面打磨一遍。打磨时散落的碎屑粉尘应随时用刷子、扫把或压缩空气清理干净,操作工人应戴防护面具。

5.屋面施工由总包施工

(四)质量保证措施

对于挤塑保温板,在施工前应检查其出厂合格证及检测报告,并用盒尺对其尺寸进行检测:

(1)根据国家现行的施工规范、规程、标准及省市对保温及装饰工程的有关规定。

(2)根据《中华人民共和国建筑法》、《建筑工程施工安全生产管理条例》、四川省关于墙体节能有关规定。

(3)江南别院项目 1 号楼工程设计图纸及相关设计文件如下:

(4)建筑装饰装修工程质量验收规程(GB 50210—2001);

(5)夏热冬冷地区居住建筑节能设计标准(JGJ 134—2001);

(6)四川省夏热冬冷地区居住建筑节能设计标准(DB 51/5027—2002);

(7)居住建筑节能保温隔热工程质量验收规程(JGJ 144—2004)。

二、防水工程质量控制措施

(一)防水工程质量控制措施原则

1.组织措施

由专业防水施工队伍进行施工,并建立防水施工作业管理制度及岗位责任制,把责任落实到每个人。

2.材料质量控制措施

防水材料质量是保证施工质量的前提,防水施工前一定要对原材料质量进行严格的控制和管理,避免在工程中使用不合格的产品。

(1)用于本工程屋面的水泥选用普通硅酸盐水泥或矿渣硅酸盐水泥,要求新鲜,无结块。砂选用中砂,含泥量不得超过 3%,有机杂质含量不大于 0.5%,级配要良好,空隙率要小。

(2)保温隔热材料应根据设计要求,采用的水泥膨胀珍珠岩,规格应符合设计要求。

（3）用于本工程的防水材料必须具有出厂合格证,并按规定进行现场取样送检,合格后方能使用。

（4）防水材料应妥善贮存和保管。贮存在室内通风干燥处,不同组份严禁混存。

（5）屋面工程中使用的材料均应经建设单位现场代表、现场监理工程师现场见证抽样送检合格后方能使用。

（二）屋面工程质量控制措施

采取行之有效的屋面工程质量措施,是保证屋面施工质量的关键,屋面各构造层施工时必须对质量进行严格控制。

1. 保温层施工时技术措施

（1）保温层施工控制,应严格按照有关标准选择材料,加强保管和处理,以保证保温隔热层质量,不符合规范要求的材料不得使用。

（2）保温材料应严格控制含水率,不得过高(应控制在6%以内),因含水率过高,一方面降低保温性能,另一方面水分不易排除,铺贴防水层后,易生产鼓泡,影响防水层质量和使用寿命。

（3）保温层施工应采取措施,掌握好铺设厚度,认真进行操作,根据设计坡度和排水方向,拉线设标志点,根据标志点铺设保温隔热层,防止材料铺设时移动。

2. 防水找平层施工的技术措施

（1）找平层抹压时应注意防止漏压,当砂浆稠度较大时,应按同强度等级较干稠干砂灰抹压,不得撒干水泥,以防起皮。

（2）施工中应注意严格控制稠度,砂浆拌和不能过稀。操作时应注意抹压遍数不能过少或过多,养护不能过早或过晚,不能过早上人以防出现起砂现象。

（3）抹找平层时,基层必须干净,过于光滑的应凿毛,并充分湿润,涂刷素水泥浆应稠浆后再涂刷,不得撒水泥后用水冲浆,并做到随刷水泥浆随铺设砂浆,按要求遍数抹压,防止漏压,以避免找平层出现空鼓和开裂。

（4）抹找平层冲筋时应注意找出泛水,或在铺灰时用木杠找出泛水,铺灰厚度按冲筋刮平顺,以防止出现倒泛水,抹压了保温层,而造成铺设厚度不均,影响保温隔热效果。

3. 防水层质量控制措施

（1）防水层施工前组织工长和防水作业人员认真熟悉图纸,对工人进行详尽的技术交底,并单独编制屋面防水专题施工方案。

（2）防水施工前一定要将基层表面的尘土、砂粒、砂浆硬块等杂物彻底清理干净,并用干净的湿布揩擦一次。

（3）对凹凸不平处,应用高强度等级水泥砂浆修补,找顺平,对阴阳角,管道根部和管道水落口部位应认真修平,做成半径为50mm的光滑圆弧面。

（4）防水层铺贴前应根据卷材的长度和宽度定位,弹好线后试铺,符合要求后再大面积铺贴。

（5）卷材铺贴的方向应由下向上铺贴,搭接处应相互错开,搭接的长度短边不小于100mm,长边不得小于80mm。泛水高度按规范要求大于250mm。如图5-3所示。

（6）施工中由于基层潮湿,找平层未干,含水率过大,常使卷材空鼓,形成鼓泡,操作时要注意将基层清理干净,控制好基层含水率,接缝处应认真操作,使其黏结牢固。

（7）防水施工必须在干燥的环境下施工,不得在大风、雨天施工。

(8)铺贴防水要先做垂直面,后做平面,阴角处不要拉伸过大,以免干后造成空鼓。

(9)防水卷材铺贴后,要认真检查,发现空鼓、皱折、针孔及黏贴不牢等质量问题,应及时修补。修补方法是用剪刀将其刺破,展平接头和边缘,再增补一道防水层。

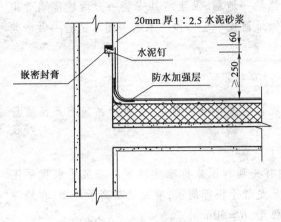

图5-3 屋面工程防水卷材铺贴施工示意图

(10)防水成品保护措施:防水施工完毕后应对防水层采取措施进行保护,以保证防水施工质量。

①操作人员应按作业顺序作业,避免过多地在已施工的防水层上走动,同时工人不得穿带钉鞋子操作。

②穿过屋面等处的管根,应防止碰损、变位,排水口等处应保持畅通,施工时应采取保护措施。

③防水层铺贴后应及时做保护层,施工保护层时应搭马道或铺垫层析板,以免破坏卷材防止层,造成渗漏。

④严禁在已做好的防水层上堆放物品,尤其是金属物品。

4.防水保护层质量控制措施

(1)防水保护层水泥砂浆铺设,应注意次序,宜采取先远后近,先高后低的原则逐格进行施工。运输时宜搭脚手马道,手推胶轮车不得直接在找平层、隔离层上行走,混凝土应先倒在铁板上,再用铁锹铺设,如用吊斗浇灌时,倾倒高度不应大于1m,且宜分散倒于屋面上,避免集中。

(2)水泥砂浆从搅拌出料至浇筑完毕的间隔时间不宜超过2h。

(3)水泥砂浆保护层压光应在水泥砂浆终凝前进行,抹压时不得在表面洒水、加水泥浆或撒干水泥,以防起皮。

(4)防水保护层应按设计要求1.5m×1.5m间距设置分格缝,分格缝内应灌油膏。

(三)室内卫生间质量控制措施

除防水层施工质量控制外,卫生间防水的重点在于地漏,上下立水管的防渗防漏,卫生间排水坡度的控制。

1.组织措施

卫生间渗漏在工程质量通病中最常出现,应做到精心组织,认真施工,以确保工程质量。组织工程技术人员、施工班组,管理施工员、电气施工员等认真熟悉施工图纸,完善相应的技术措施,制订施工工艺流程,编制施工方案,并逐级进行交底,做到心中有数。组织班组进行样板间装修施工,不断总结提高,并大面积推广。

明确土建、安装从预留预埋开始至卫生洁具安装以及收尾清理全过程的施工步骤、顺序和各自的责任,密切配合,建立装饰装修管理制度,制订各分项工程进度、安全、质量方面的奖罚条例,确定装饰装修项目负责人,配备必要的具有丰富施工经验的老工人以及技术指导人员进行质量把关。

分项工程施工前,应配齐所有的施工材料,包括装饰材料的主材、辅材和连接配件。技术负责人要亲自检查落实。坚持材料验收制度,把好原材料进场的质量验收关,对施工必需的小型施工机具,如切割机、开孔机、打眼机,提前配套做好准备。

2.卫生间施工工艺流程

砌筑砖墙、预埋水、电暗管接线盒→水管加压试验补墙洞及管线槽→墙上弹水平控制线→墙面打巴→安装上下水管道→堵管道口→加压试验→地漏、卫生洁具安装→分两次浇灌管道缝→地漏处闭水试验→穿电线→安装门窗框→做地面找平层→作防水层→闭水试验→做砂浆保护层→地面面层。

3.防水层的施工质量控制措施

(1)原材料要求。

防水材料的性能必须符合设计要求和有关现行国家标准的规定,每批产品应有产品质量合格证,并附有使用说明书等文件。

(2)基层要求及处理。

卫生间的防水层基层必须符合设计要求和有关现行国家标准的规定。基层要求找平压光,表面坚实、不得起砂,掉灰。在抹找平层时,凡是管干根部周围,要使其略高于地面,在地漏周围,应做成略低于地面的洼坑,阴阳处应呈圆弧形,$R = 50mm$。

(3)周边处理。

按照《建筑地面工程施工及验收规范》中的要求,卫生间楼面结构层四周支承处除门洞外,应设置向上翻的边梁,其高度不得小于120mm,宽度不得小于100mm,施工时结构标高和预留孔洞准确。

(4)涂膜防水施工的质量控制。

①基层处理剂采取涂刷,涂刷均匀,覆盖完全,干燥后方可进行涂膜施工。

②防水施工前,在突出楼面结构的交接处,转角处加铺一层附加层,宽度250~350mm。

③防水涂料采用涂刮施工。每遍涂刮推进方向宜与前一道相互垂直。在上道涂料层上进行下道涂料施工时,必须待上道涂层干燥后方进行,干燥时间要视施工现场的温度和湿度而定,一般实干需4~24h。

④铺加增强胎体宜边涂边铺胎体,并用辊子滚压实,将布下空气排尽。

(5)质量控制。

防水层施工完毕后,对于涂膜厚度可用针刺法进行检验,按《屋面工程技术规范》(GB 50207)要求每100m² 的楼面防水检查一处,并取平均值评定,检查楼面有无渗漏和积水,临时封闭地漏,进行蓄水试验,时间不少于24h,或做淋水试验,时间不少于2h。发现渗漏,就应及时修补,然后再做蓄水试验直至不漏为止。

4.上、下立管与结构板面相交处的防漏措施

卫生间地漏、上下水立管与结构板相交处为卫生间漏水的多发部位,施工防水层之前应特别处理好。

(1)预留孔洞的封堵。

预留孔洞用C20细石混凝土(掺 DEA 膨胀剂)堵塞,堵塞分两次进行,第一次堵至板的1/2处,待前堵塞混凝土基本凝固后,第二次堵至板下20mm,即在立管四周留8~10mm 宽,20mm 高的沟槽。如图5-4所示。

(2)附加层处理。

在防水剂喷涂前,用油膏将立管四周封堵,且在立管四周用防水卷材料裹住管口。

5.卫生间排水坡度控制措施

106

(1)卫生间的楼地面标高设计应比室内地面低50mm。以地漏为中心向四周辐射冲筋，找好坡度(设计坡度5%)，用刮尺刮平，抹面时，注意不留洼坑。

(2)水管工安装地漏时，应注意标高准确，宁可稍低，也不能超高。

(3)加强土建施工和管道安装施工的配合，控制施工中中途变更，认真进行施工交底，做到一次留置正确。

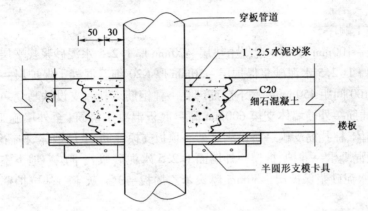

图5-4　预留孔洞的封堵施工示意图

6. 其他质量控制措施

(1)穿过楼地面或墙壁的管件以及卫生洁具等，必须收头圆滑，安装牢固，地漏安装要准确，周围符合设计要求的坡度，不得积水。

(2)大便池安装时，应做好大便器与排水管道连接处的处理，检查胶皮碗是否完好，若有损坏须立即更换。

(3)工序安排要妥当，工序搭接要紧凑，应尽量待防水材料做完后才立门框，以避免增加死角，影响防水效果。

屋面工程质量控制措施表见表5-1。

任务二　地下室防水施工方案及施工工艺

一、任务描述

现有某住宅楼施工项目，施工项目部准备开始地下室防水施工，施工前要编制地下室防水施工方案，准备相关设施，作为该工作参加人员，该进行哪些工作。任务前提：(1)技术已交底；(2)施工项目的情况已提供；(3)防水工程相关知识技能已具备；(4)按工作小组进行任务分工；(5)规定该项工作开始和完成的时间；(6)完成任务需要的设施、资料等。

参见附件一：某住宅楼施工项目工程概况。

二、学习目标

通过本学习任务的学习，你应当能：

(1)描述建筑工程地下室防水施工的工作内容和地下室防水施工的工作流程；

(2)编制地下室防水施工方案，掌握地下室防水施工工作要点；

(3)按照正确的方法和途径，收集整理地下室防水施工资料；

（4）按照地下室防水施工的要求和工作时间限定，准备地下室防水施工材料和设备；

（5）按照单位施工项目管理流程，完成对地下室防水施工方案的审核。

三、内容结构

按照地下室施工工作的内容、程序，结合本项目的实际情况，将地下室施工工作顺序归纳如下。

1. 地下室施工顺序。

未扰动原土→100mm厚C15混凝土垫层→20mm厚1:2.5水泥砂浆找平层→4mm厚卷材防水层→20mm厚1:2.5水泥砂浆保护层→50mm厚C20细石混凝土保护层→放C30细石混凝土垫块100×100间距450mm→底下层筋绑扎→柱钢筋绑扎→支设铁马凳→底板上层筋绑扎→墙体、柱倒插筋→外墙墙体支模600mm高→底板混凝土浇筑（至外墙施工缝处）→底板混凝土养护→墙体、柱扎筋支模→搭设满堂架→顶板支模扎筋、上层墙体、柱插筋→浇筑柱、墙体混凝土浇筑板混凝土→养护、拆模→外墙面1:2.5水泥砂浆找平层→地下室外墙立面防水层铺贴→1:2.5水泥砂浆保护层→30mm厚聚苯乙烯板→3:7灰土→基坑护壁间回填砂夹石或素土夯实。

2. 外防水操作工序顺序。

（1）地下室结构完成且外墙模已拆除。

（2）沿地下室侧墙外周边搭设双排砌筑脚手架。

（3）用1:2.5水泥砂浆找补，同时清理完墙面。

（4）将底板边鸭脚侧的防水层翻在底板鸭脚面上，墙面的防水层与之相黏结后自下而上涂刷，并交付验收。

（5）护壁面与护墙间回填并夯实。

四、任务实施

（一）项目引入

任务开始时，由老师发放该项目相关资料，详见附件一、附件二、附件三学生了解本次任务需要解决的问题，参见图5-5。

图5-5 地下室防水工程施工现场图

108

(二)学习准备

引导问题　根据所给项目资料,要完成任务需要哪些方面的知识?

1. 地下室防水施工的要点有哪些?

结合前期所学防水工程的有关知识和训练,总结归纳地下室防水施工要点,一一列出。提示:主要依据施工规范和地下室防水施工方案及图纸等资料。

2. 查阅资料,回答下列问题:

(1)地下室防水的类型有哪些? 各自的特点是什么(图5-6)?

图5-6　地下室防水工程施工现场图

(2)各种地下室防水的适用条件是什么?

参考规范如下:

地下防水工程质量验收规范(GB 50208—2002);

地下工程防水技术规范(GB 50108—2001)。

3. 根据项目资料,地下室防水施工需要分析考虑的问题有哪些?

提示:地下室底板防水施工,参见本任务参考案例一第一项地下室底板防水施工。

(三)地下室防水施工方案的编写

引导问题　如何进行地下室施工方案的编制?

1. 方案编制的依据是什么?

2. 方案编制包括哪些内容?

3. 编写地下室防水施工方案。

目的:巩固加强防水工程的所学知识。

(四)地下室防水施工方案的审核

引导问题　如何进行地下室防水施工方案的审核?

1. 资料收集

检查此次需准备资料是否齐全,参见表5-7。

资 料 清 单	完 成 时 间	责 任 人	任务完成则划"√"
			☐
			☐
			☐
			☐
			☐
			☐
			☐

2. 方案审核

依据实际情况和施工方案的内容,做以下工作:

(1)对照项目资料审核方案的合理性,如不满足要求,如何处理?

(2)结合项目情况和单位的实际情况,检查分析方案的针对性和可操作性,如不符合,如何处理?

3. 方案修改和完善

(五)地下室防水施工的质量、安全控制

引导问题 如何进行施工质量、安全控制?

1. 质量、安全控制的流程和规定是什么?

2. 质量、安全控制的内容和方法是什么?

3. 不合格方案的修改和处理:

(1)方案如何修改? 谁修改? 修改后是否还需要重新审核?

(2)方案修改和完善的质量和时间如何控制?

提示:

①严格依照施工管理的规定和流程执行,做好审核记录,便于检查;

②依照"谁做资料谁修改"的原则修改,并需要重新审核修改后的资料;

③严格控制修改资料的时间和质量,并重新整理和汇总,注意不要混淆新旧资料。

(六)评价与反馈

1. 学生自我评价。

(1)此次编写地下室防水施工方案是否符合项目施工要求? 若不符合,请列出原因和存在的问题,并请提出相应的解决方法。

(2)你认为还需加强哪些方面的指导(从实际工作过程及理论知识两方面考虑)?

2. 学习工作过程评价表(表5-8)。

任 务 评 分 表 表5-8

考 核 项 目	分 数			学生自评	小组互评	教师评价	小 计
	合格	良	优				
方案的完整性审查	1	3	5				
方案的合理性、可操作性审查	6	8	10				
总 计	7	11	15				
教师签字:				年 月 日		得 分	

参考案例一：

地下室防水施工

按照施工规范要求，工程地下室防水施工按双防水考虑。

地下室底板采用抗渗自防水混凝土结构和外防水结合形成双防水体系，外防水在底板以下垫层以上，侧墙外采用一层防水层与底板防水满布形成不透水的桶状整体，使地下室结构的迎水面均被防水材料防水隔离。

一、地下室底板防水施工

地下室底板防水的具体做法如下（由上至下）：

（1）30mm 厚 1:2 水泥豆石面层，铁板压光；

（2）砂夹卵石回填；

（3）钢筋混凝土底板，内加 TJ-FC 复合纤维；

（4）厚 SBS 高聚物改性沥青防水卷材；

（5）20mm 厚 1:3 水泥砂浆找平层；

（6）100mm 厚 C15 混凝土垫层；

（7）素土。

护壁及土方施工完成后，即进行钢筋混凝土管桩施工，管桩施工并检测完毕后，应检查基底持力层是否达到设计要求的埋深和承载能力，并经验槽后进行垫层封闭。垫层采用 100mm 厚 C15 素混凝土封闭，至设计垫层标高，在垫层上做 1:2.5 水泥砂浆找平层，阴阳角作 $R = 80mm$ 圆角，待找平层干燥后进行防水层施工。根据规范为保证防水层的质量，大面积防水层施工完毕后，在所有防水层阴阳角增加一层防水层，宽度为阴阳角两侧各 300mm，并在各防水层收头处用防水油膏嵌实。护毡墙在底板上口搭接施工处应用油毡盖住收头，上砌二线砖保护待混凝土浇实后拆除红砖继续施工外防水层。临时施工道路架木板通行避免直接踩踏防水层，以免伤害整体效果。在防水层施工完成并干燥后在其上施工 20mm 厚 1:2.5 水泥砂浆保护层。

进场的防水材料须有出厂合格证，并经现场检验合格方能使用，自防水混凝土须严格按配合比，不得随意调整水泥及外加剂用量。防水层施工不得随意污染以免降低防水性能。

钢筋混凝土管桩周边的防水需作专门的处理，钢筋混凝土管桩的周边填土和垫层应做成凹槽，该处的防水卷材应增加附加层，并嵌填油膏胶泥。

二、地下室外防水

1. 地下室防水的具体做法

地下室侧外墙（由内至外）：

（1）30mm 厚 1:2 水泥砂浆面层；

（2）钢筋混凝土侧墙，内加 TJ-FC 复合纤维；

（3）20mm 厚 1:3 水泥砂浆找平层；

（4）4mm 厚 SBS 改性沥青防水卷材；

（5）120mm 厚实心页岩砖墙；

（6）素土夯实。

2. 外防水操作工序顺序

（1）地下室结构完成且外墙模已拆除；

（2）沿地下室侧墙外周边搭设双排砌筑脚手架；

（3）用1:2.5水泥砂浆找补，同时清理完墙面；

（4）将底板边鸭脚侧的防水层翻在底板鸭脚面上，墙面的防水层与之相黏结后自下而上涂刷，并交付验收；

（5）护壁面与护墙间回填并夯实。

在地下室外墙防水施工时，应注意与室外景观工程的预埋配合，注意预留预埋以及成品的保护工作，彻底消除质量隐患，以保证后续工程的施工质量。

三、地下室底板及侧墙后浇带处防水

大面积防水层在后浇带位置不得断开，同时在后浇带处防水层应加强：垫层位置下降200mm，增加一层附加防水；侧墙后浇带位置增设附加防水层，且先施工该段附墙。

后浇带内的钢筋不可断开，但需增加30%，也可断开，在二次浇筑前焊接，单面焊缝长10d。对高低相间的后浇带应待高层主楼封顶后施工后浇带，混凝土采用比原强度等级高一级的C40S6混凝土。对于超长结构的后浇带，应在一个月后选择气温低的天气施工，施工时，应将后浇带两侧之构件支撑牢固，浇注混凝土之前，必须将两侧的浆膜清理干净，不密实的混凝土应打掉，将后浇带内的浮渣与杂物尽量清理，用水冲洗后，混凝土表面应刷纯水泥浆。选择温度较低的时间浇灌混凝土，浇灌前应按新旧混凝土连接要求。对缝及接触面进行严格的处理，采用比原结构混凝土高一强度等级的混凝土进行封闭。

参考案例二：

地下室结构施工方案及施工工艺

一、地下室施工顺序

未扰动原土→100mm厚C15混凝土垫层→20mm厚1:2.5水泥砂浆找平层→4mm厚卷材防水层→20mm厚1:2.5水泥砂浆保护层→50mm厚C20细石混凝土保护层→放C30细石混凝土垫块100×100间距450mm→底下层筋绑扎→柱钢筋绑扎→支设铁马凳→底板上层筋绑扎→墙体、柱倒插筋→外墙墙体支模600mm高→底板混凝土浇筑（至外墙施工缝处）→底板混凝土养护→墙体、柱扎筋支模→搭设满堂架→顶板支模扎筋、上层墙体、柱插筋→浇筑柱、墙体混凝土浇筑板混凝土→养护、拆模→外墙面1:2.5水泥砂浆找平层→地下室外墙立面防水层铺贴→1:2.5水泥砂浆保护层→30mm厚聚苯乙烯板→3:7灰土→基坑护壁间回填砂夹石或素土夯实。

二、地下室施工缝及后浇带的位置

1. 设置位置

（1）第一次施工：外墙留在底板上500mm高处的位置，内墙则留在底板表面的位置。

（2）第二次施工：底板上口500mm以上的侧墙体与柱至地下室顶板面，底板上口的内墙至地下室顶板面。

（3）垂直施工缝的留设：地下室侧墙的垂直施工缝设置在伸缩缝处。

（4）后浇带的设置：后浇带应沿底板，侧墙、楼板贯通，主楼四周的后浇带应与筏板贯通，后浇带位置和宽度按设计图示确定。

2. 施工缝及后浇带处理

（1）墙体水平施工缝：将施工缝处打毛，清除浮石浮浆，用水冲刷干净，让嵌固的石子呈半

裸状态,在新浇筑前,先用 50～100mm 厚与混凝土成分相同的水泥砂浆作为结合层,然后浇筑上部混凝土,止水带贴时先将混凝土面清理干净,再每隔 500mm 用水泥钉将其固定在施工缝处。

(2)墙体垂直施工缝:绑扎墙筋时,在内墙上需留设垂直施工缝的位置采用双层钢丝网,作为模板嵌入混凝土中不取出。

(3)筏板后浇带处理:按设计要求在筏板上设后浇带,后浇带的处理,需采用专门支撑,以保证后浇带两侧的成型。

(4)侧墙后浇带:墙体后浇带用钢板网加木板和钢管支撑,以保证墙体位置后浇带的成型,并与底板贯通,两侧的止水带也与底板上的止水带贯通。

(5)楼板上后浇带:地下室顶板至各层楼板上同时设后浇带,由于板的厚度为 100mm、110mm、120mm 等,成型采用木枋即可,后浇带两侧须在上下层间加设钢管支撑直至后浇带封闭。封闭前临时用木板遮挡,保护连接处钢筋不位移。

三、地下室筏板施工方案

1. 筏板钢筋施工

(1)工艺流程

核对钢筋半成品→钢筋绑扎→预埋管线及其他→绑好砂浆垫块→浇筑混凝土。

(2)钢筋加工

筏板厚度按设计要求。钢筋工程在现场加工进行,按图纸要求加工成半成品后,按规格堆放整齐,同时附出厂合格证和复检报告,由钢筋工长对进场钢筋按大样进行复核,检查直径、级别、根数是否满足设计图纸要求,并检查其弯钩尺寸、角度以及下料长度是否满足设计、规范以及相关图集要求的锚固长度、搭接位置和搭接长度,同时检查其外观质量,以保证进行部位的钢筋不扭曲弯折、不锈蚀,并复查钢筋出厂合格证和复核报告。

(3)钢筋连接

地下室底板钢筋采用对焊接长,部分在部位上辅助窄间隙接长;墙体插筋一次加工成型,墙体水平筋采用搭接接长;暗柱倒插筋一次性成型,主筋按层断料采用电渣压力焊接长。

(4)筏板钢筋绑扎

工艺流程:在找平后的压毡层上按间距 200mm 弹出钢筋位置线→铺设下层钢筋网、地梁钢筋→安放细石混凝土垫块→放设专业管线并固定→安放角铁马凳支架→标志上部钢筋位置线→铺设上部筋→二次放线复核墙体位置→墙体、柱插筋→墙体施工缝以下水平钢筋绑扎→隐蔽验收→转入下道工序。

为了达到设计要求的 50mm 厚保护层,在下部钢筋下按间距 450mm 双向设 C35 细石混凝土垫块 100×100×50,在电梯基坑、集水坑处每根钢筋下设 100×100×50 细石混凝土垫块间距 450mm;筏板上部筋与下部筋间采用钢筋马凳支架,间距 1.5m 沿纵横方向梅花型布置,以保证筏板上部筋的计算高度。铺上部筋时在底板四周立钢管架固定钢筋端头定位筋。

(5)外墙插筋绑扎

工艺流程:根据筏板上画好的墙位置线安放插筋→筏板内水平定位筋→墙水平筋绑扎→拉钩绑扎→安墙体止水拉杆@600 梅花双向→绑扎砂浆垫块 50×50×25@600 双向→隐蔽检查。

为防止墙插筋及甩出上层的搭接钢筋在浇筑混凝土的过程中移位,在定位焊接前复核墙体位置线,并采用拉通线和吊线坠的方式确定定位钢筋在筏板上层钢筋上的位置,保证墙体插筋的垂直度,同时严格设带扎丝的垫块确保墙筋保护层厚度。墙体网片间的间距除用拉钩进行控制外,纵横方向,每隔2m用10mm短钢筋与网片点焊,墙体绑扎利用钢管脚手架支撑稳定钢筋。

2. 筏板模板施工

(1)工艺流程:确定组装钢模板方案→组装钢模板→模板预检。

(2)外墙施工缝以下墙体两侧采用组合钢拼模板,并按间距300~500mm设止水拉杆。电梯坑及集水坑采用组合钢模加钢管支撑,以保证坑内净空尺寸。

(3)模板安装完毕后,应对断面尺寸、标高、对拉螺栓、连杆支撑等进行预检,均应符合设计图纸和质量标准的要求。

3. 筏板混凝土浇筑

本工程地下室筏板厚度为350mm。混凝土强度等级为C35,抗渗标号S6,为了保证工程质量,必须连续一次性浇筑完毕(以后浇带分断)。

为确保地下室结构混凝土的质量,委托有资质的实验室试配,以满足现场实际要求,确保混凝土强度等级和抗渗要求,满足设计要求的配合比,同时在底板配合比的设计时,重点考虑水泥用量,在保证强度和抗渗性能的前提下,尽量减少水泥用量,以减少水化热,防止由于混凝土的内外温差过大而引起的裂缝。

(1)工艺流程

浇筑前的准备→浇筑→振捣→双层塑料薄膜加一层草垫覆盖→养护。

(2)浇筑原则

浇筑时为确保不出现冷缝,并按部位尽快完成混凝土的浇筑,确保自防水混凝土的可靠性,采用两台泵车(配套泵管)对地下室底板实行,就位浇筑混凝土,避免间隙时间过长使结构出现随意性冷缝,浇筑时从一端开始向中间浇注,以后浇带为界分为两个大段进行,段内根据实际情况划分成若干小块进行。

混凝土由泵机输送到浇筑部位。同时,配备梭槽进行混凝土的输送,必要时用塔机料斗运料到位。

(3)混凝土浇筑方法

振捣时着重注意不得漏振,特别是墙根处、暗柱钢筋密集处以及投料间隔界面须着重振捣。

由于整个筏板均在同一标高处,局部电梯基坑比筏板标高降低,该部分的混凝土量应分层浇注。浇筑时从一端山墙开始,向另一端山墙方向进行,浇筑宽度控制在4.5m左右,并控制后一段混凝土在前一段混凝土初凝前完成浇筑,直至混凝土浇筑完毕,完成工程地下室筏板混凝土的浇筑。在浇注过程中,搭设部分梭槽配合混凝土的施工工作。

混凝土出泵时,控制坍落度在180mm左右,混凝土的分段由责任工长亲自指挥,依次布料。

筏板混凝土振捣用插入式振动配合平板振动器进行,板面标高的控制除在模板上还应在伸出板的竖筋上作好标记。

混凝土站保证每台泵每小时35m³的供应量,每昼夜800m³的供应量,并不得间断。按混凝土筏板及基础体量,整个地下室筏板应在24h内完成,浇筑前专人落实有无停电计划,若不能保证持续供电,浇筑时间应作调整。

4. 混凝土养护

由于浇筑时为冬季,温度预计在 0~10℃,混凝土的养护采取覆盖草垫养护,收面后浇水,并持续养护 14 天以上。

5.侧墙与顶板混凝土浇注

按设计要求,混凝土应提前作好试配,出具施工配合比。

混凝土原材料及泵送要求同地下室底板混凝土的要求。

(1)地下室墙、柱高度大于 4.0m,浇筑时每次高度不大于 1.0m,避免对模板的侧压力过大。混凝土的分层分段由责任工长亲自指挥,浇筑须密实,初凝时间控制在 6h。

(2)梁柱节点处,钢筋密集,采用细石混凝土浇筑,分等级处用钢板网每段加钢筋拦截。

(3)墙体混凝土浇时,高度控制在 2m,浇筑长度约 7.5m,混凝土形成斜坡面,然后分阶浇筑第二层、第三层混凝土至板面,随之浇顶板和梁混凝土,坡状部分混凝土初凝前一定要返回浇筑,依次向前,直至混凝土浇筑完毕。

外墙新浇混凝土振捣时,振动棒须插入前一段混凝土约 20cm 深,外墙不得出现水平或竖直施工缝,梁板尽量不留施工缝,若确需留置时,应控制在梁长的 1/3 范围内。外墙混凝土坍落度控制在 180~200mm 之间。

墙柱梁浇注时用插入式振动棒,底板、顶板用平板振动器结合振动棒振捣,振捣器处于一个位置的时间,不得超过 30s。板面标高的控制除在模板上控制外,还应在伸出板的竖筋上作好标志。在使用振捣器时,应避免线管的破坏和移位。

(4)混凝土的养护要及时,下雨时注意用塑料膜保护初凝前的混凝土面,柱墙拆模后即浇水养护,板混凝土浇完后即用塑料膜覆盖,洒水养护至 14 天。

外墙浇筑完成 3 天后拆除外模,拆模后用水养护。

(5)泵管的搭设按浇筑顺序及先后位置由责任工长指挥位置和长度,以保证混凝土的泵送质量。

任务三　厨卫的防水施工要点

一、任务描述

现有某住宅楼施工项目,施工项目部准备开始地下室防水施工,施工前要编制地下室防水施工方案,准备相关设施,作为该工作参加人员,该进行哪些工作。任务前提:(1)技术已交底;(2)施工项目的情况已提供;(3)防水工程相关知识技能已具备;(4)按工作小组进行任务分工;(5)规定该项工作开始和完成的时间;(6)完成任务需要的设施、资料等。

参见附件一:某住宅楼施工项目工程概况。

二、学习目标

通过本学习任务的学习,你应当能:

(1)描述建筑工程厨卫防水施工的工作内容和厨卫防水施工的工作流程;

(2)编制厨卫防水施工方案,掌握厨卫防水施工工作要点;

(3)按照正确的方法和途径,收集整理厨卫防水施工资料;

(4)按照厨卫防水施工的要求和工作时间限定,准备厨卫防水施工材料和设备;

(5)按照单位施工项目管理流程,完成对厨卫防水施工方案的审核。

三、内容结构

按照厨卫施工工作的内容、程序,结合本项目的实际情况,将厨卫施工工艺流程归纳如下:

砌筑砖墙、预埋水、电暗管接线盒→水管加压试验、补墙洞及管线设置→墙上弹水平控制线→墙面打巴→安装上下水管道→堵管道口→闭水试验→地漏、卫生洁具安装→分两次浇灌管道缝→地漏处闭水试验→穿电线→安装门窗框→做地面找平层→作防水层→闭水试验→防水层保护层→地面面层。

四、任务实施

(一)项目引入

任务开始时,由老师发放该项目相关资料,详见附件一、附件二、附件三。学生了解本次任务需要解决的问题,参见图5-7。

图5-7 厨卫防水工程施工现场图

(二)学习准备

引导问题 根据所给项目资料,要完成任务需要哪些方面的知识?

1. 厨卫防水施工的要点有哪些?

结合前期所学地面工程的有关知识和训练,总结归纳厨卫防水施工要点,一一列出。提示:主要依据施工规范和厨卫防水施工方案及图纸等资料。

2. 查阅资料,回答下列问题:

(1)厨卫防水的类型有哪些?各自的特点是什么?

(2)各种厨卫防水的适用条件是什么?

执行规范:建筑地面工程施工质量验收规范(GB 50209—2002)。

3. 根据项目资料,需要分析考虑的问题有哪些?

提示:厨房、卫生间防渗要点,参见本任务参考案例第二项厨房、卫生间防渗要点。

(三)厨卫防水施工方案的编写

引导问题 如何进行厨卫施工方案的编制?

1. 方案编制的依据是什么?

2. 方案编制包括哪些内容?

3. 编写厨卫防水施工方案。

目的:巩固加强地面工程的所学知识。

（四）厨卫防水施工方案的审核

引导问题 如何进行厨卫防水施工方案的审核？

1. 资料收集

检查此次需准备资料是否齐全，参见表5-9。

资料准备情况检查表   表5-9

资料清单	完成时间	责任人	任务完成则划"√"
			□
			□
			□
			□
			□
			□
			□

2. 方案审核

依据实际情况和施工方案的内容，做以下工作：

（1）对照项目资料审核方案的合理性，如不满足要求，如何处理？

（2）结合项目情况和单位的实际情况，检查分析方案的针对性和可操作性，如不符合，如何处理？

3. 方案修改和完善

（五）厨卫防水施工的质量、安全控制

引导问题 如何进行施工质量、安全控制？

1. 质量、安全控制的流程和规定是什么？

2. 质量、安全控制的内容和方法是什么？

3. 不合格方案的修改和处理：

（1）如何修改，谁修改，修改后是否还需要重新审核？

（2）修改和完善的质量和时间如何控制？

提示1：

（1）严格依照施工管理的规定和流程执行，做好审核记录，便于检查；

（2）依照"谁做资料谁修改"的原则修改，并需要重新审核；

（3）严格控制修改资料的时间和质量，并重新整理和汇总，注意不要混淆新旧资料等。

提示2：防水层的施工质量控制措施，参见本任务参考案例第四项中的防水层的施工质量控制措施。

（六）评价与反馈

1. 学生自我评价。

（1）此次编写厨卫防水施工方案是否符合项目施工要求？若不符合，请列出原因和存在的问题，并请提出相应的解决方法。

（2）你认为还需加强哪些方面的指导（从实际工作过程及理论知识两方面考虑）？

2.学习工作过程评价表(表5-10)。

任务评分表
表5-10

考核项目	分 数			学生自评	小组互评	教师评价	小 计
	合格	良	优				
方案的完整性审查	1	3	5				
方案的合理性、可操作性审查	6	8	10				
总 计	7	11	15				

教师签字: 　　　　　　　　　　　　　　　　年　 月　 日　 得 分

参考案例:

厨卫间防水工程施工方案

一、渗漏原因分析

厨卫间渗漏的主要因素如下:

(1)厨房、卫生间防水层未处理好造成:卫生间管洞周边未按要求处理好;卫生间防水层被装修队伍、水电施工队伍在施工过程中破坏;卫生间冷热水管未安装好,造成接头漏水,渗出墙面,造成卫生间墙面的渗水,导致墙面发霉。

(2)厨房、卫生间隔墙土建施工质量差或未采用防渗漏材料处理墙内预埋热水管;由于温差原因导致管外冷凝水渗透墙面,使卫生间内墙受损。

二、厨房、卫生间防渗要点

(1)厨房、卫生间管洞必须先用沥青砂浆浇灌,再用细石混凝土浇灌,最后用防水砂浆灌缝;

(2)厨房、卫生间防水层泛水应高出卫生间楼地面基层300~900mm,卫生间浴缸位置泛水1800mm高;

(3)厨房、卫生间冷热水管必须安装牢固,隐蔽前必须试压,符合要求后再隐蔽;

(4)厨房、卫生间隔墙下采用标砖砌筑10线,并采用水泥砂浆抹面;

(5)厨房、卫生间冷热水管按要求预埋后必须采用水泥砂浆补实,多次成活;

(6)厨房、卫生间内墙应采取防水处理措施后,在墙脚底手刷清漆以增加防水作用;

(7)对管道四周加密封胶进行防渗透处理;加强质量监督和质量检查,做到防患于未然。

三、厨房、卫生间防水施工

1.施工安排

(1)施工工艺流程:

基层处理→作防水层→闭水试验→作保护层→面层。

(2)施工队伍及进度安排

①工期进度安排:

本工程卫生间的防水施工待室内其余房间的楼地面及卫生间给排水管道及所有预埋设施完成后,开始进行。

②施工队伍安排:

本工程室内防水由建设单位分包,我公司将作总包管理。

2.厨房、卫生间施工工艺流程

砌筑砖墙、预埋水、电暗管接线盒→水管加压试验、补墙洞及管线设置→墙上弹水平控制线→墙面打巴→安装上下水管道→堵管道口→闭水试验→地漏、卫生洁具安装→分两次浇灌管道缝→地漏处闭水试验→穿电线→安装门窗框→做地面找平层→作防水层→闭水试验→防水层保护层→地面面层。

3. 上、下立管与结构板面相交处的处理

卫生间地漏、上下水立管与结构板相交处是卫生间漏水的多发部位,施工防水层之前应处理好。

(1)预留孔洞的封堵。预留孔洞用 C20 细石混凝土(掺膨胀剂)堵塞,堵塞分两次进行,第一次堵至板的 1/2 处,待前堵塞混凝土基本凝固后,第二次堵至板下 20mm,即在立管四周留 8~10mm 宽,20mm 高的沟槽。见图 5-4。

(2)附加层处理。在防水层施工前,用油膏将立管四周封堵,且在立管四周用防水材料裹住管口。

4. 厨房、卫生间排水坡度的施工作业计划

(1)厨房、卫生间的楼地面标高设计应比室内地面低 50mm。以地漏为中心向四周辐射冲筋,找好坡度(设计坡度 0.5%,最薄处 10mm),用刮尺刮平。抹面时,注意不留洼坑。

(2)水管工安装地漏时,应注意标高准确,宁可稍低,也不能超高。

(3)加强土建施工和管道安装施工的配合,控制施工中中途变更,认真进行施工交底,做到一次留置正确。

5. 防水层的施工作业计划

(1)原材料要求。

①同一规格、品种的防水涂料,每 10t 为一批,不足 10t 按一批进行抽检,胎体增强材料,每 3000m² 为一批,不足 3000m² 者按一批进行抽检。

②防水涂料应检验延伸率或断裂延伸率,用定含量、柔性、不透水性和耐热度指标测定,胎体增强材料应检验拉力和延伸率,抽检合格后,方可进场使用。

(2)基层要求及处理。

卫生间的防水层基层必须符合设计要求和有关现行国家标准规定。基层要求找平压光,表面坚实,不得起砂、掉灰。在抹找平层时,凡是干管根部周围,要使其略高于地面,在地漏周围,应略低于地面的洼坑,阴阳处应呈圆弧形,$R = 50mm$。

(3)周边处理。

按照《建筑地面工程施工及验收规范》中的要求,卫生间楼面面层四周支承处除门洞外,应设置 10 线实心砖,其高度不得小于 600mm,施工时结构标高和预留孔洞准确。

(4)涂膜防水涂料施工要点。

①基层处理剂采取涂刷,涂刷应均匀,覆盖完全,干燥后方可进行涂膜施工。

②防水施工前,在突出楼面结构的交接处、转角处加铺一层附加层,宽度 250~350mm。

③防水涂料采用涂刮施工。每遍涂刮推进方向宜与前一道相互垂直,在上道涂料层上进行下道涂料施工时,必须待上道涂层干燥后方可进行,干燥时间要视施工现场的温度和湿度而定,一般需要 4~24h。

④铺加增强胎体宜边涂边铺胎体,并用辊子滚压实,将布下空气排尽。

(5)质量检验。

防水层施工完毕后,临时封闭地漏,进行蓄水试验,时间不少于 48h,或做淋水试验,时间不少于 2h。发现渗漏,应及时修补,然后再进行蓄水试验,直至不漏为止。

四、室内卫生间质量控制措施

卫生间防水的重点,除防水层施工质量控制外,重点在于地漏,上下立水管的防渗防漏,卫生间排水坡度的控制。

1. 组织措施

卫生间渗漏在工程质量通病中最常出现,应做到精心组织,认真施工,以确保工程质量。组织工程技术人员、施工班组、管理施工员、电气施工员等认真熟悉施工图纸,完善相应的技术措施,制订施工工艺流程,编制施工方案,并逐级进行交底,做到心中有数。组织班组进行样板间装修施工,不断总结提高,并大面积推广。

明确土建、安装从预留预埋开始至卫生洁具安装以及收尾清理全过程的施工步骤、顺序和各自的责任,密切配合,建立装饰装修管理制度,制订各分项工程进度、安全、质量方面的奖罚条例,确定装饰装修项目负责人,配备必要的具有丰富施工经验的老工人以及技术指导人员进行质量把关。

分项工程施工前,应配齐所有的施工材料,包括装饰材料的主材、辅材和连接配件。技术负责人要亲自检查落实。坚持材料验收制度,把好原材料进场的质量验收关,对施工必需的小型施工机具,如切割机、开孔机、打眼机,提前配套做好准备。

2. 卫生间施工工艺流程

砌筑砖墙、预埋水、电暗管接线盒→水管加压试验补墙洞及管线槽→墙上弹水平控制线→墙面打巴→安装上下水管道→堵管道口→加压试验→地漏、卫生洁具安装→分两次浇灌管道缝→地漏处闭水试验→穿电线→安装门窗框→做地面找平层→作防水层→闭水试验→做砂浆保护层→地面面层。

3. 防水层的施工质量控制措施

(1)原材料要求。

防水材料的性能必须符合设计要求和有关现行国家标准的规定,每批产品应有产品质量合格证,并附有使用说明书等文件。

(2)基层要求及处理。

卫生间的防水层基层必须符合设计要求和有关现行国家标准的规定。基层要求找平压光,表面坚实,不得起砂、掉灰。在抹找平层时,凡是管干根部周围,要使其略高于地面,在地漏周围,应做成略低于地面的洼坑,阴阳处应呈圆弧形,$R=50mm$。

(3)周边处理。

按照《建筑地面工程施工及验收规范》中的要求,卫生间楼面结构层四周支承处除门洞外,应设置向上翻的边梁,其高度不得小于120mm,宽度不得小于100mm,施工时结构标高和预留孔洞准确。

(4)涂膜防水施工的质量控制。

①基层处理剂采取涂刷,涂刷均匀,覆盖完全,干燥后方可进行涂膜施工。

②防水施工前,在突出楼面结构的交接处,转角处加铺一层附加层,宽度250~350mm。

③防水涂料采用涂刮施工。每遍涂刮推进方向宜与前一道相互垂直。在上道涂料层上进行下道涂料施工时,必须待上道涂层干燥后方可进行,干燥时间要视施工现场的温度和湿度而定,一般需4~24h。

④铺加增强胎体宜边涂边铺胎体,并用辊子滚压实,将布下空气排尽。

(5)质量控制。

防水层施工完毕后，对于涂膜厚度可用针刺法进行检验，按《屋面工程技术规范》(GB 50207)要求每 100m² 的楼面防水检查一处，并取平均值评定，检查楼面有无渗漏和积水，临时封闭地漏，进行蓄水试验，时间不少于 24h，或做淋水试验，时间不少于 2h。发现渗漏，应及时修补，然后再做蓄水试验，直至不漏为止。

4. 上、下立管与结构板面相交处的防漏措施

卫生间地漏、上下水立管与结构板相交处为卫生间漏水的多发部位，施工防水层之前应处理好。

(1)预留孔洞的封堵。预留孔洞用 C20 细石混凝土(掺 DEA 膨胀剂)堵塞，堵塞分两次进行，第一次堵至板的 1/2 处，待前堵塞混凝土基本凝固后，第二次堵至板下 20mm，即在立管四周留 8~10mm 宽，20mm 高的沟槽。如图 5-4 所示。

(2)附加层处理。在防水剂喷涂前，用油膏将立管四周封堵，且在立管四周用防水卷材料裹住管口。

5. 卫生间排水坡度控制措施

(1)卫生间的楼地面标高设计应比室内地面低 50mm。以地漏为中心向四周辐射冲筋，找好坡度(设计坡度 5%)，用刮尺刮平，抹面时，注意不留洼坑。

(2)水管工安装地漏时，应注意标高准确，宁可稍低，也不能超高。

(3)加强土建施工和管道安装施工的配合，控制施工中中途变更，认真进行施工交底，做到一次留置正确。

6. 其他质量控制措施

(1)穿过楼地面或墙壁的管件以及卫生洁具等，必须收头圆滑，安装牢固，地漏安装要准确，周围符合设计要求的坡度，不得积水。

(2)大便池安装时，应做好大便器与排水管道连接处的处理，检查胶皮碗是否完好，若有损坏须立即更换。

(3)工序安排要妥当，工序搭接要紧凑，应尽量待防水材料做完后才立门框，以避免增加死角，影响防水效果。

学习情境六 施 工 测 量

一、任务描述

现有某住宅楼施工项目,施工项目部准备开始工程施工测量,施工前要编制施工测量方案,准备相关设施,作为该工作参加人员,该进行哪些工作。任务前提:(1)技术已交底;(2)施工项目的情况已提供;(3)工程测量工程相关知识技能已具备;(4)按工作小组进行任务分工;(5)规定该项工作开始和完成的时间;(6)完成任务需要的设施、资料等。

参见附件一:某住宅楼施工项目工程概况。

二、学习目标

通过本学习任务的学习,你应当能:

(1)描述建筑工程施工测量的工作内容和施工测量的工作流程;

(2)编制施工测量方案,掌握施工测量工作要点;

(3)按照正确的方法和途径,收集整理施工测量资料;

(4)按照施工测量的要求和工作时间限定,准备施工测量仪器和设备;

(5)按照单位施工项目管理流程,完成对施工测量方案的审核。

三、内容结构

按照施工测量工作的内容和要求,结合本项目的实际情况,将施工测量所需人员配备及管理工作内容归纳以下。

项目部测量放线工作分实施和检查两个步骤进行,测量工长负责工程轴控网的司测、标识,并组织班组进行每一操作部位测量放线,作好放线记录;责任工程师组织内业技术员、专职质检员对其进行全过程复查和监控,确认司测程序、计量读尺及标记注释完全无误后,由测量员、专职质检员和责任工程师在放线记录上签字确认,最后由公司质检科派专人复测无误并签字确认后再向下一工序操作班组进行交接,资料存档备查。

四、任务实施

(一)项目引入

任务开始时,由老师发放该项目相关资料,详见附件一、附件二、附件三。学生了解本次任务需要解决的问题,参见图6-1。

图6-1 工程施工测量现场图

(二)学习准备

引导问题 根据所给项目资料,要完成任务需要哪些方面的知识?

1.工程施工测量的要点有哪些?

结合前期所学工程施工测量的有关知识和训练,总结归纳施工测量要点,一一列出。

提示:主要依据施工规范和施工测量方案及图纸等资料。

2. 查阅资料,回答下列问题:

(1)施工测量的类型有哪些? 各自的特点是什么?

提示:了解区分各种施工测量的适用条件

执行规范如下:

建筑变形测量规程(JGJ/T 8—2007);

工程测量规范(GB 50026—2007);

建设工程文件归档整理规范(GB/T 50328—2001)。

(2)施工测量涉及哪些部门和人员? 各自的任务和要求是什么?

提示:按照企业的机构构成,各部分测量工作资料由谁提供或准备?

(3)施工测量常用仪器和设备有哪些? 各自的作用是什么?

提示:查阅资料,掌握测量仪器设备的规格和型号、用途。

3. 根据项目资料,施工测量需要分析考虑的问题有哪些?

提示1:±0.000m 以下轴线控制施工测量,参见本任务参考案例第五项 ±0.000m 以下轴线控制施工测量。

提示2:±0.000m 以下标高控制施工测量,参见本任务参考案例第六项 ±0.000m 以下标高控制施工质量。

（三）工程施工测量方案的编写

引导问题 如何进行施工测量方案的编制?

1. 方案编制的依据是什么?

2. 方案编制包括哪些内容?

3. 编写施工测量方案。

目的:巩固加强测量工程的所学知识。

（四)施工测量方案的审核

引导问题 如何进行施工测量方案的审核?

1. 资料收集

检查此次需准备资料是否齐全,参见表6-1。

资料准备情况检查表   表6-1

资 料 清 单	完 成 时 间	责 任 人	任务完成则划"√"
			☐
			☐
			☐
			☐
			☐
			☐
			☐

2. 方案审核

依据实际情况和施工方案的内容,做以下工作:

(1)对照项目资料审核方案的合理性,如不满足要求,如何处理?

（2）结合项目情况和单位的实际情况，检查分析方案的针对性和可操作性，如不符合，如何处理？

3.方案修改和完善

（五）施工测量的质量、安全控制

引导问题 如何进行施工质量、安全控制？

1.质量、安全控制的流程和规定是什么？

2.质量、安全控制的内容和方法是什么？

3.不合格的修改和处理：

（1）如何修改？谁修改？修改后是否还需要重新审核？

（2）修改和完善的质量和时间如何控制？

提示1：

（1）严格依照施工管理的规定和流程执行，做好审核记录，便于检查；

（2）依照"谁做资料谁修改"的原则修改，并需要重新审核；

（3）严格控制修改资料的时间和质量，并重新整理和汇总，注意不要混淆新旧资料等。

提示2：沉降观测，参见本任务参考案例第九项沉降观测。

（六）评价与反馈

1.学生自我评价。

（1）此次编写施工测量方案是否符合项目施工要求？若不符合，请列出原因和存在的问题，并请提出相应的解决方法。

（2）你认为还需加强哪些方面的指导（以实际工作过程及理论知识两方面考虑）？

2.学习工作过程评价表（表6-2）。

任 务 评 分 表 表6-2

考 核 项 目	分　数			学生自评	小组互评	教师评价	小　计
	合格	良	优				
方案的完整性审查	1	3	5				
方案的合理性、可操作性审查	6	8	10				
总　　计	7	11	15				

教师签字： 年　月　日 得　分

参考案例：

施工测量放线

一、人员配备及管理

项目部测量放线工作分实施和检查两个步骤进行安排，测量工长负责工程轴控网的司测、标识，并组织班组进行每一操作部位测量放线，作好放线记录；责任工程师组织内业技术员、专职质检员对其进行全过程复查和监控，确认司测程序、计量读尺及标记注释完全无误后，由测量员、专职质检员和责任工程师在放线记录上签字确认，最后由公司质检科派专人复测无误并签字确认后，再向下一工序操作班组进行交接，资料存档备查。

二、选用仪器

测量选用 DS3 水平仪、J2 经纬仪、激光铅直仪，30m、50m 钢尺及配套附件，细部尺寸 5m

钢卷尺分线。

三、平面控制网的测设

(1)与当地政府规划、勘测部门及业主办理测量控制点复测与交接工作,对进场的仪器设备进行强制检验并作好技术交底工作。

(2)场区平面控制网布置原则:平面控制先从整体考虑,遵循先整体后局部、高精度的原则。控制点选在通视条件良好、安全、易保护的地方。桩位必须用混凝土保护,必要时用钢管进行维护,并用红油漆作好测量标志。

(3)依据规划部门提供的城市网点坐标或定位测量成果进行角度、距离复测,符合要求后,再测设建筑物主轴线(至少纵横各两根),然后采用经纬仪方向线法引桩到开挖线以外安全、易保护的地方,作为场区首级控制网。

(4)场区首级控制网布设完成后,依据基础及建筑平面图采用极坐标、直角坐标定位放样的方法放出建筑物其他主轴线,经角度、距离校测符合点位限差要求后,布设建筑物平面矩形控制网。

(5)建筑物平面矩形控制网建立后,每间隔 2 ~ 3 根轴线设置控制轴线,在两端延线的围墙和坑边线外 1m 地表作控制桩点,放设于围墙或中远距建筑物上的控制点用红三角形标志,置于地表的点以混凝土包护,必须做到在繁忙的施工活动中置镜点和后视点不受扰动,随时可以准确启用,作为司测依据。

各层平面完成结构施工后应留设轴线和标高标志,向后续施工单位传递。

(6)建筑物平面矩形控制网置于场区首级平面控制网上。轴线控制网的精度等级根据《工程测量规范》要求控制网的技术指标必须符合表6-3的规定。

轴线控制网的精度等级表

表 6-3

等 级	测角中误差(″)	边长相对中误差
一级	±5	1/30 000

四、高程控制网的测设

(1)依据场区水准点(不少于 3 个),采用 0.3mm 级精度的精密水准仪对所提供的水准点进行复测检查,校测合格后,测设一条闭合或附合水准路线,联测场区平面控制点,以此作为保证施工竖向精度控制的首要条件。

(2)依据水准基点,埋设永久性高程点,埋设 2 个月后,再进行联测,测出场区半永久性点的高程,该点也可作为以后沉降观测的基准点。

(3)场区内至少应有 3 个水准点,水准点的间距小于 100mm,距离建筑物大于 25m,距离挖土边线不小于 15m。

五、±0.000m 以下轴线控制施工测量

(1)轴线控制桩的校测:在基础施工过程中,采用测量精度 2″级经纬仪,根据场区首级平面控制网校测,对轴线控制桩每半月复测一次以防桩位位移。

(2)轴线投测方法:±0.000m 以下的基础施工采用经纬仪方向线交汇法来传递轴线:引测投点误差不应超过 ±3mm,轴线间误差不应超过 2mm。

(3)首先依据场区轴线控制桩和基础平面图,用经纬仪分别投测出基槽边线和控制轴线,并打控制桩指导施工。

(4)根据基坑边上的轴线控制桩,将 J_2 经纬仪架设在控制桩位上,经对中整平后,后视同

一方向桩(轴线标志),将所需的轴线投测到施工的平面层上,在同一层上投测的纵横轴线不得少于2条,以此作角度、距离的校核。垫层完成后,复核控制桩,将轴线投放到垫层上。

六、±0.000m 以下标高控制施工测量

(1)高程控制点的联测:在向基坑内引测标高时,首先联测高程控制网点,以判断场区内水准点是否被碰动,经联测确认无误后,方可向基坑内引测所需的标高。

(2)±0.000m 以下标高的施测:为保证竖向控制的精度要求,对标高基准点,必须正确测设。在同一平面层上所引测的高程点,不得少于3个,并作相互校核,校核后3点的校差不得超过3mm,取平均值作为该平面施工中标高的基准点。基准点设置在边坡外稳定位置,可使用水泥砂浆抹成一个竖平面,用红色三角作标志,并标明绝对高程和相对标高,便于施工中使用。

七、±0.000m 以上轴线控制施工测量

1. 平面控制测量:在建筑物首层内设置轴线控制网,±0.000m 以上的轴线传递采用经纬仪。

2. 竖向投测前,应对首层基准点控制进行校测,校测精度不宜低于建筑物平面矩形控制网精度,以确保轴线竖向传递精度。轴线竖向投测的允许误差,见表6-4。

表6-4

轴线竖向投测的允许误差表

高度(m)	允许误差(mm)	高度(m)	允许误差(mm)
每层	3	30m < H < 60m	10
$H \leqslant 30m$	5		

3. 施工层放线时,应先在结构平面上校核投测轴线,闭合后再测设细部轴线。

八、±0.000m 以上高程的传递

(1)在第一层浇筑好后,从剪力墙下面已有标高点(通常是结构 ±0.000m 以上1m 线)向上用钢尺沿墙身量距。标高的竖向传递,用钢尺从首层起始高程点竖直量取,当传递高度超过钢尺长度时,应另设一道标高起始线,钢尺需加拉力、尺长、温度误差修正。

(2)施工层抄平之前,应先校测首层传递上来的3个标高点,当校差小于3mm 时,以其平均点引测水平线。抄平时,应尽量将水准仪安置在测点范围的中心位置,并进行一次精密定平,水平线标高的允许误差为 ±3mm。

九、沉降观测

高层建筑沉降观测,其精度要求高,观测时间将延续到工程使用后一个相当时期,从专业资质划分,业主应委托专业勘测设计单位实施,土建方可提供协助。沉降观测点的设置由设计指定。

由于基础形式不同,结构超长,必须重视沉降监控工作,为此,作如下布置:

(1)BM 设置:在主楼外不受干扰部位以钻孔方式成深井筑实埋置实心金属杆件,其顶端作为沉降观测水准基点,进场后根据现场实际情况确定。

(2)测点位置在主楼底层选择外墙大角和高低跨连接处柱的 ±0.00~0.50mm 范围埋设特制钢棒,尾端浇入混凝土体,外露端为置尺点,完成测点设置。

(3)司测:使用精密水准仪和刻度精确,温度效应低的殷钢尺测量,为防止观测误差,司测、置尺工作必须由确定的专业人员负责。

主体施工期间,随楼层递增,采取每增二层观测一次,并将测量结果进行记录和统计,反馈给工程监理及结构设计人,如与设计预测不符,应及时处理,以消除不良后果。装修期间每月测设一次。工程竣工后,移交建设单位。

(4)沉降观测复核量:由专业测设单位及设计部门共同布设。

学习情境七 高空作业安全控制

一、任务描述

现有某住宅楼施工项目,施工项目部进行高空作业安全控制,首先要编制高空作业技术安全方案,准备相关设施,作为该工作参加人员,该进行哪些工作。任务前提:(1)技术已交底;(2)施工项目的情况已提供;(3)工程安全相关知识技能已具备;(4)按工作小组进行任务分工;(5)规定该项工作开始和完成的时间;(6)完成任务需要的设施、资料等。

参见附件一:某住宅楼施工项目工程概况。

二、学习目标

通过本学习任务的学习,你应当能:

(1)描述建筑工程高空作业安全控制的工作内容和高空作业安全控制的工作流程;

(2)编制高空作业安全控制方案,掌握高空作业安全控制工作要点;

(3)按照正确的方法和途径,收集整理高空作业安全控制资料;

(4)按照高空作业安全控制的要求和工作时间限定,准备高空作业安全控制资料和设备;

(5)按照单位施工项目管理流程,完成对高空作业安全控制方案的审核。

三、内容结构

按照高空作业安全控制工作的内容和要求,结合本项目的实际情况,将施高空作业安全控制工作内容进行归纳,见图 7-1,图 7-2,图 7-3。

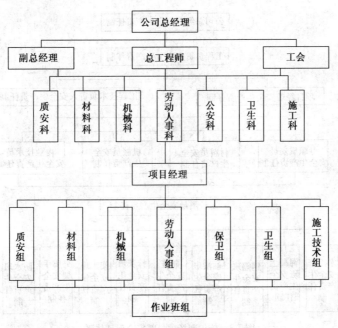

图 7-1 公司安全管理体系图

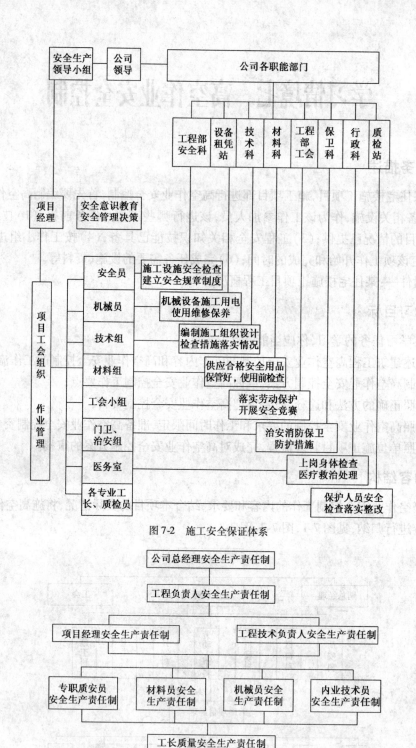

图 7-2　施工安全保证体系

图 7-3　施工现场项目部安全保证体系

四、任务实施

(一)项目引入

任务开始时,由老师发放该项目相关资料,详见附件一、附件二、附件三学生了解本次任务需要解决的问题,参见图7-4。

(二)学习准备

引导问题 根据所给项目资料,要完成任务需要哪些方面的知识?

1.高空作业安全控制的要点有哪些?

结合前期所学工程安全的有关知识和训练,总结归纳高空作业安全控制要点,一一列出。

提示:主要依据是施工规范和高空作业安全控制方案及图纸等。

2.查阅资料,回答下列问题:

(1)高空作业安全控制的内容有哪些? 各自的要求是什么?

提示:了解高空作业安全控制的必备条件。

执行规范如下:

建设工程施工现场供用电安全技术规范(GB 50194—93);

塔式起重机械安全规程(GB 5144—2006);

建筑施工安全检查标准(JGJ 59—99);

建筑施工高处作业安全技术规范(JGJ 80—91);

中华人民共和国安全法。

图7-4 工程高空作业施工现场图

(2)高空作业安全控制涉及哪些部门和人员? 各自的任务和要求是什么?

提示1:按照企业的机构构成,各部分高空作业安全控制工作资料由谁提供或准备?

提示2:根据中华人民共和国行业标准《建筑施工高处作业安全技术规范》规定,临边洞口必须做安全防护,因此在该项目的楼梯口、电梯井口、预留孔洞口、坑井口、通道口(凡在坠落高度基准面2m以上,含2m的洞口、临边均为高处作业),以及阳台、楼板、屋面等临边均按规定设置防护设施。

3.根据项目资料,施工测量需要分析考虑的问题有哪些?

提示1:临边作业,参见本任务参考案例第一项临边作业。

提示2:洞口作业,参见本任务参考案例第二项洞口作业。

(三)高空作业安全控制方案的编写

引导问题 如何进行高空作业安全控制方案的编制?

1.方案编制的依据是什么?

2.方案编制包括哪些内容?

3.编写高空作业安全控制方案。

目的:巩固加强工程安全的所学知识。

（四）高空作业安全控制方案的审核

引导问题　如何进行高空作业安全控制方案的审核？

1.资料收集。

检查此次需准备资料是否齐全，参见表7-1。

资料准备情况检查表

表 7-1

资 料 清 单	完 成 时 间	责 任 人	任务完成则划"√"
			□
			□
			□
			□
			□
			□
			□

2.方案审核。

依据实际情况和施工方案的内容，做以下工作：

（1）对照项目资料审核方案的合理性，如不满足要求，如何处理？

（2）结合项目情况和单位的实际情况，检查分析方案的针对性和可操作性，如不符合，如何处理？

3.方案修改和完善。

（五）高空作业的安全控制措施

引导问题　如何进行高空作业的安全控制？

1.安全控制的流程和规定是什么？

2.安全控制的内容和方法有哪些？

3.不合格方案的修改和处理：

（1）如何修改？由谁修改？修改后是否还需要重新审核？

（2）修改和完善的质量和时间如何控制？

提示1：

①严格依照安全控制管理的规定和流程执行，做好审核记录，便于检查；

②依照"谁做资料谁修改"的原则修改，并需要重新审核修改后的资料；

③严格控制修改资料的时间和质量，并重新整理和汇总，注意不要混淆新旧资料等。

提示2：高空作业的安全控制措施，参见本任务参考案例第三项高空作业的安全控制措施，参考图7-5。

（六）评价与反馈

1.学生自我评价。

（1）此次编写高空作业安全控制方案是否符合项目施工要求？若不符合，请列出原因和存在的问题，请提出相应的解决方法。

（2）你认为还需加强哪些方面的指导（从实际工作过程及理论知识两方面考虑）？

2.学习工作过程评价表（表7-2）。

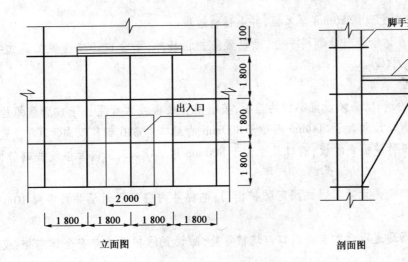

立面图　　　　　　　　　　　　　　　剖面图

图 7-5　工程高空作业施工布置示意图(尺寸单位:mm)

任务评分表　　　　　　　　　　　　　　　表 7-2

考核项目	分数			学生自评	小组互评	教师评价	小计
	合格	良	优				
方案的完整性审查	1	3	5				
方案的合理性、可操作性审查	6	8	10				
总计	7	11	15				
教师签字:				年　月　日		得分	

参考案例:

建筑施工高处作业安全防护施工方案

根据中华人民共和国行业标准《建筑施工高处作业安全技术规范》规定,临边洞口必须做安全防护,因此在该项目的楼梯口、电梯井口、预留孔洞口、坑井口、通道口(凡在坠落高度基准面 2m 以上,含 2m 的洞口、临边均为高处作业),以及阳台、楼板、屋面等临边均按规定设置防护设施,具体搭设如下:

一、临边作业

(1)基坑周边用 $\phi 48 \times 3.5$ 的钢管架搭设防护栏,防护栏由上、下两根横杆及栏杆柱组成,上杆离地 1.2m,下杆离地 0.6m,栏杆柱间距(即立杆)为 2m,立杆打入地下 70mm 深,栏杆下部浇注一条 250×200 的 C20 混凝土挡水带。

(2)尚未安装栏杆或栏板的阳台,料台与挑平台周边,雨篷与挑檐边,无外脚手架的屋面与楼层周边及水箱周边等处,都必须设置防护栏杆。防护栏杆用 $\phi 48 \times 3.5$ 的钢管架搭设防护栏,栏杆高度 1.2m,设上、下两根横杆,上杆离地 1.2m,下杆离地 0.6m,栏杆立柱间距(即立杆)为 2m。

(3)分层施工的楼梯口和楼段边,必须设置临时防护栏。防护栏的用料及设置方法同 2 条。栏杆下部设置 180mm 高的挡脚板。

(4)施工用电梯和脚手架等与建筑物通道两侧边,设置防护栏杆。地面通道上部设置安全防护棚。防护棚上满铺 50mm 厚木板,并上铺竹胶板。

(5)各种垂直运输接料及卸料平台,除设置防护栏杆外,平台口还应设置工具式安全门。防护栏杆的设置同(2)。

二、洞口作业

(1)板与墙的洞口,必须设置牢固的盖板,盖板用竹胶板或木板用钉子或膨胀螺栓固定于楼板上,板下部洞口尺寸大于 500mm 而小于 800mm 的洞口用 $\phi16$ 钢筋双向@200 设置钢筋网格,在网格上铺设竹胶板或木板;洞口尺寸大于 800mm 用 $\phi48 \times 3.5$ 钢管搭设成钢管网格,并在上铺设盖板。

(2)电梯井口必须设置工具式固定防护栅门;电梯井内应每隔两层并最多隔 10m 设一道安全网。

(3)施工现场通道附近的各类洞口与坑槽等处,除设置防护设施与安全标志外,夜间还应设红灯示警。

(4)楼板、屋面和平台等面上短边尺寸小于 25cm 但大于 2.5cm 的孔口,必须用竹胶板盖住并用膨胀螺栓固定,防止挪动移位。

(5)楼板面等边长为 25~50cm 的洞口,用竹胶板盖住洞口。盖板要保持四周搁置均衡,并将其用螺栓固定在楼板上。

(6)边长为 50~150cm 的洞口,用 $\phi12$ 钢筋双向@200 设置钢筋网格,在网格上铺设竹胶板或木板。

(7)门、窗等洞口用 30 角钢制做成工具式护栏,角钢的两端用螺栓固定于墙上。

三、高空作业的安全控制措施

(1)在作业区划出禁区,设置围栏,禁止行人、闲人通行闯入。

(2)出入口通道的上方搭设水平防护棚。防护棚上面满铺架板,棚边设置 1m 高的立边挡板,再在立杆上面满挂安全网,如图 7-5 所示。

(3)外架应挂设合格的密目安全网,操作层必须满铺架板并绑扎牢固,紧靠操作层下面必须设水平兜网。外架立面用密目安全网全封闭,搭拆脚手架时,除应有针对性的书面安全交底外,还必须有专人监护。

(4)高空作业人员必须按规定路线行走,禁止在没有防护设施的情况下,沿脚手架、支撑等处攀登或行走。

(5)高空作业所需的料具、设备等,必须根据施工进度随用随动,禁止堆积。凡在悬挑结构处,不得堆放料具和杂物。

(6)高空作业的料具堆放平稳,工具应随时放入工具袋内,严禁乱堆乱放,在高处作业时严禁抛扔材料、工具、物件。

(7)高空作业处配备足够的照明设备和避雷设施。

四、洞口、临边处的安全控制措施

(1)出入口通道的上方及建筑四周二层楼面处搭设水平防护棚。防护棚上面满铺架板,棚边设置 1m 高的立边挡板,再在立杆上面满挂安全网。

(2)对于 1.5m×1.5m 以下的孔洞,加固定盖板,1.5m×1.5m 以上的孔洞,四周设两道护栏杆,其中间支挂水平安全检查网,并设安全警示标牌。

(3)未做外墙的建筑四周、楼梯踏步及休息台,外沿设两道防护栏杆,如图 7-6 所示。

（4）电梯井每二层用钢管加木架板和安全网进行水平防坠封闭，电梯门洞口用钢筋焊接进行封闭，防止人员误入；楼板面的洞口未封闭前用焊接钢筋网封闭，如图7-7所示。

（5）楼梯梯段边用 $\phi14$ 钢筋临时焊成栏杆防护。

（6）楼梯、通道和施工作业面必须保证足够的照明度，危险部位还应设置红灯警示。

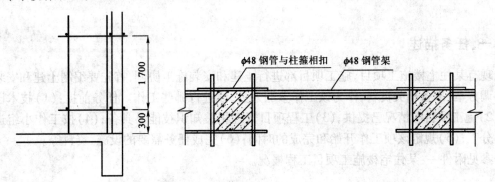

图7-6　工程高空作业防护栏杆施工布置示意图（尺寸单位:mm）

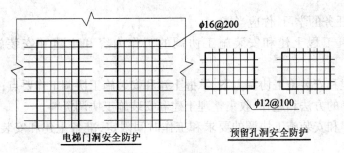

图7-7　电梯门洞安全防护施工布置示意图

学习情境八　土建和安装施工协调

一、任务描述

现有某住宅楼施工项目,施工项目部进行土建和安装施工协调,首先要编制土建和安装施工协调方案,准备相关资料,作为该工作参加人员,该进行哪些工作。任务前提:(1)技术已交底;(2)施工项目的情况已提供;(3)工程项目管理相关知识技能已具备;(4)按工作小组进行任务分工;(5)规定该项工作开始和完成的时间;(6)完成任务需要的设施、资料等。

参见附件一:某住宅楼施工项目工程概况。

二、学习目标

通过本学习任务的学习,你应当能:

(1)描述建筑工程土建和安装施工协调的工作内容和土建和安装施工协调的工作流程;

(2)编制土建和安装施工协调方案,掌握土建和安装施工协调工作要点;

(3)按照正确的方法和途径,收集整理土建和安装施工协调资料;

(4)按照土建和安装施工协调的要求和工作时间限定,准备土建和安装施工协调资料和设备;

(5)按照单位施工项目管理流程,完成对土建和安装施工协调方案的审核。

三、内容结构

按照土建和安装施工协调工作的内容和要求,结合本项目的实际情况,将土建和安装施工协调所需工作内容进行归纳,见图8-1。

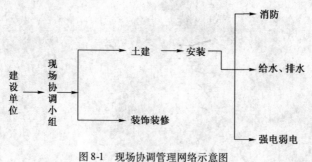

图 8-1　现场协调管理网络示意图

四、任务实施

(一)项目引入

任务开始时,由老师发放该项目相关资料,学生了解本次任务需要解决的问题,参见图8-2,图8-3。

详见附件一、附件二、附件三。

图8-2　工程施工作业现场图(一)　　　　　图8-3　工程施工作业现场图(二)

(二)学习准备

引导问题　根据所给项目资料,要完成任务需要哪些方面的知识?

1.土建和安装施工协调的要点有哪些(图8-4,图8-5)?

结合前期所学工程项目管理的有关知识和训练,总结归纳土建和安装施工协调要点,一一列出。

提示:主要依据施工管理规范、土建和安装施工协调方案及图纸等资料。

2.查阅资料,回答下列问题:

土建和安装施工协调的内容有哪些? 各自的要求是什么?

提示:了解土建和安装施工协调的必备条件。

参考规范:建设工程项目管理规范(GB/T 50326—2006)。

图8-4　工程施工作业现场图(三)　　　　　图8-5　工程施工作业现场图(四)

3.根据项目资料,需要分析考虑的问题有哪些?

提示:土建与安装、空调、消防的配合措施,参见本任务参考案例二第一项土建与安装、空调、消防的配合措施。

(三)土建和安装施工协调方案的编写

引导问题　如何进行土建和安装施工协调方案的编制?

1.方案编制的依据是什么?

2.方案编制包括哪些内容?

3.编写土建和安装施工协调方案。

目的:巩固加强工程施工管理的所学知识。

(四)土建和安装施工协调方案的审核

引导问题 如何进行土建和安装施工协调方案的审核?

1.资料收集

检查此次需准备资料是否齐全,参见表8-1。

资料准备情况检查表   表8-1

资 料 清 单	完 成 时 间	责 任 人	任务完成则划"√"
			☐
			☐
			☐
			☐
			☐
			☐
			☐

2.方案审核

依据实际情况和施工方案的内容,做以下工作:

(1)对照项目资料审核方案的合理性,如不满足要求,如何处理?

(2)结合项目情况和单位的实际情况,检查分析方案的针对性和可操作性,如不符合,如何处理?

3.方案修改和完善

(五)土建和安装施工协调措施

引导问题 如何进行土建和安装施工协调控制?

1.协调控制的流程和规定是什么?

2.阐述协调控制的内容和方法。

3.不合格方案的修改和处理。

(1)方案如何修改?谁修改?修改后是否还需要重新审核?

(2)方案修改和完善的质量和时间如何控制?

提示:

①依据单位施工管理的规定和流程,严格执行,做好审核记录,便于检查;

②依照"谁做资料谁修改"的原则修改,并需要重新审核;

③严格控制修改资料的时间和质量,并重新整理和汇总,注意不要混淆新旧资料等。

(六)评价与反馈

1.学生自我评价。

(1)此次编写土建和安装施工协调方案是否符合项目施工要求?若不符合,请列出原因和存在的问题,请提出相应的解决方法。

(2)你认为还需加强哪些方面的指导(从实际工作过程及理论知识的方面考虑)?

2.学习工作过程评价表(表8-2)。

任 务 评 分 表

表8-2

考 核 项 目	分　　数			学生自评	小组互评	教师评价	小　计
	合格	良	优				
方案的完整性审查	1	3	5				
方案的合理性、可操作性审查	6	8	10				
总　　　计	7	11	15				
教师签字:				年　　月　　日		得 分	

参考案例一:

土建与安装配合措施

为确保整个工程的质量要求,工程进度的顺利进行,土建与安装单位各自派现场技术负责人成立联络小组,负责协调现场土建与安装的具体配合,明确各自责任,为整个工程的顺利进行创造条件。

(1)土建与安装人员共同商讨,确定工期总体计划、施工总体安排及总平面布置,再据自身专业要求及施工程序编制施工组织设计,相互反馈给对方,作为协调管理控制文件。双方根据各自特点和要求以每周协调会的形式确定一周配合方式。

(2)结构施工阶段,安装人员主要任务为配合土建进行预留预埋。混凝土浇灌前,土建模板工长应与安装人员按图逐一对预埋件型号、位置、数量是否正确,核对无误后,填写隐蔽资料,交监理人员现场核对签字后,才能浇灌混凝土。

(3)预埋管、盒,必须用钢筋点焊加以固定,安装就位后,须用阻燃聚苯乙烯泡沫将套管填满,防止混凝土灌入引起堵塞。若当一端或两端在现浇构件模板内侧时,在套管端所对应的模板内侧涂刷一块红色油漆,便于拆模后查找。

(4)混凝土浇灌时,安装人员派专人留守浇灌面,便于处理因混凝土浇灌和振捣引起的位移问题。

(5)模板拆除后,土建人员安排石工配合安装人员及时找出预埋铁件,并取出套管、箱、盒内填塞物,涂漆防腐标志。

(6)重要构件不得开设超设计规定的孔洞,更不允许截断梁、柱主筋,对于墙体和楼盖上须切断结构分布筋者由土建人员按设计规定方式加固补强。

(7)安装人员须向土建人员书面明确各种大型设备安装时间,运输通道、风管位置、标高、截面尺寸,土建工长向班组交底留设墙体孔洞,杜绝开墙打洞。

(8)暗设在墙体或地坪内的管道,须在安装人员试压合格后,方可进行抹面隐蔽。

(9)因设计订货有个时间过程,建筑设计一般仅对人员设备用房作布置规划,室内管沟、基础及附属设施需由设备厂家提出要求,土建与安装人员协同配合,作出核定单位经设计认可后组织施工。

(10)安装在屋面要求布设的水箱、冷却塔基座、管墩等,土建人员在配合施工时应结合防水构造统筹考虑,达到基座下无保温软弱夹层,防水层全包封闭的效果。

(11)天棚吊筋安装应在空调冷、热水管保温前安装,天棚龙骨安装不得顶升风管,破坏温调管道保温层,如标高配合上有矛盾,须由安装专业进行调整,杜绝隐蔽部位出现风管漏水,管道结露产生顶级滴漏。

(12)在配合上应特别注意大小建安工件接合点,不仅要考虑工序责任,还须根据使用条件以致人为因素的综合影响,最大限度地延长建安产品的寿命。

参考案例二:

土建部门与各协作单位的配合

一、土建与安装、空调、消防的配合措施

(1)土建与安装、空调、消防人员共同商讨,确定工期总体计划、施工总体安排及总平面布置,再根据自身专业要求及施工程序编制施工组织设计,相互反馈给对方,作为协调管理控制性文件。双方根据各自特点和要求以每周协调会的形式确定一周配合方式。

(2)结构施工阶段,安装人员主要任务为配合土建进行预留预埋。混凝土浇灌前,土建模板工长、技术负责人、质检员应与安装人员按图逐一核对预埋件、预留孔的型号、位置、数量是否正确,钢筋的数量、位置是否与图示一致,确认核对无误后,填写隐蔽资料,交技术负责人、监理人员、甲方代表现场核对签字后,才能浇灌。

(3)预埋管、盒,必须用钢筋点焊加以固定,安装就位后,须用阻燃聚苯乙烯泡沫将套管填满,防止混凝土灌入引起堵塞。若当一端或两端在现浇构件模板内侧时,在套管端所对应的模板内侧涂刷一块红色油漆,便于拆摸后查找。

(4)混凝土浇灌时,安装单位派专人留守浇灌面,便于处理因混凝土浇灌和振捣引起的位移问题。

(5)模板拆除后,土建人员安排石工配合安装人员及时找出预埋件,并取出套管、箱、盒内填塞物,涂漆进行标志。

(6)重要构件不得开设超设计规定的孔洞,更不允许截断梁、柱主筋,对于墙体和楼盖上须切断结构分布筋者,由土建人员按设计规定方式加固补强。

(7)安装人员须向土建人员书面明确各种大型设备安装时间,以及电梯或自动扶梯安装时间,运输通道、标高、截面尺寸,土建工长向班组交底留设墙体孔洞,杜绝开墙打洞。

(8)暗设在墙体或地坪内的管道,须在安装人员试压合格后,方可进行抹面隐蔽。

(9)安装在屋面的附属设施,土建人员在配合施工时应结全防水构造统筹考虑,达到基座下无保温软弱夹层,防水层全包封闭的效果。

(10)在配合上应特别注意大小建安工件接合点,不仅要考虑工序责任,还应考虑环境条件、使用条件、人为因素的综合影响,最大限度地延长建安产品的使用寿命。

安装与装饰工程的质量直接影响建筑工程的质量,为了确保建筑工程的质量优良,必须使安装与装饰工程的质量达到优良,为了确保目标值的实现,总包单位应加强与分包单位的工作联系。因此,由土建单位总承包牵头协调,各专业承包单位的施工配合,强化土建的统筹、监督、配合责任,使之完全达到设计和质量控制标准,以分项工程优良确保整体工程的优良,对于实现工程整体效益具有十分重要的意义。

本工程属多层群体建筑,其施工的总体安排为四个阶段。即:基础及地下室施工阶段→主体施工阶段→装饰装修施工阶段→室外总平、安装调试、竣工收尾阶段。

二、土建与协作单位的组织管理协调

工程质量的优劣和工期总体目标的实现,很大程度上取决于土建单位与各个协作单位的配合管理,为此,总包单位在组织上作如下安排:

(1)成立总承包办公室,指定专人负责协调工地周边关系,支付有关管理费用,接待城管、环卫、街道办事处的检查,并为协作单位提供方便的生活环境,包括不带盈利性的各项软、硬件设施和卫生、保卫服务。

(2)土建单位负责搭设现场内的安全通道、临边洞口安全设施,对操作人员实施安全防护和劳动保护。安全设施实行交接验收制,协作单位对自身施工区域安全设施负有维护、监控责任,确保其完整、有效。

(3)土建单位负责向协作单位提供轴线、标高控制点和设备定位复测工作的配合,清运各楼层建渣,安装各部位暗室照明、通风,配合操作架搭设,提供垂直运输机械。

(4)协作单位施工组织必须服务于总包管理,所有进场材料按土建总平设计定点存放。材料、设备进出场须按协作单位提供料单,核实后方可放行。

(5)协作单位人员进场时,其现场负责人会同土建专职安全员对其所属人员进行入场制度及管理教育,所有人员须佩证上岗。

(6)协作单位间的工序穿插,在每周协调会上通过协商,由总包单位统一安排,总包单位对所有二级专业公司的施工质量具有监控处理权,所有二级单位的产值报表须经总包单位审批签字,再报送建设单位收取工程进度款。

(7)成品、半成品的自身保护和互相保护在土建单位牵头下,会同其他协作单位共同拟定保护制度,组建成品保护小组,消除交叉污染和成品损伤。

(8)总包与协作单位之间的配合方式以合同关系加以约束,相互明确责、权、利,杜绝中途产生纠纷,影响工程进度。

(9)各段施工工序约束严格,程序固定化,每道工序的质量工期均影响工程的整体效果,所以对工序质量时间控制应作为管理重点。

(10)主体施工分两施工段流水作业,各段工序熟练,施工速度、质量相对稳定,但因工作面头绪增多,安装管理应及时插入,组织交体交叉流水作业,在此阶段应对设备订货送型、二装设计进行统筹安排,为进入全面装饰装修作好充分准备。

(11)在装饰装修施工阶段,由于两施工段先后进入装饰装修,且由于工序多,二装设计变化大,各工序管理的松散性及相互交叉影响是整个工程质量、工期成败的关键。

所以我公司在总结多层建筑施工经验基础上,对装饰装修策划及总包龙头管理有成套管理制度和技术,即以总包龙头管理为主,各专业协调配合,采取各种管理、技术措施,确保工程的整体效果,现分述如下:

以土建为龙头,以统一制度的约束措施来管理现场。凡进入现场施工的安装、二装等专业单位,必须遵守现场管理制度,服从土建统一规划。在生活、生产加工、施工库房、施工用电、施工用水等方面划分区域,建立施工现场统一指挥协调小组负责协调各专业单位之间的施工程序。建立现场协调会制度,及时解决土建、安装、二装等专业单位施工中存在的问题及矛盾,并以会议纪要形式,各单位签字、盖章即具备法律效力,对各方均有法律约束效力。

以统一的施工计划、施工程序规划为指导,确保整个工程优质、高速,按期交付使用。

(1)地下室、主体施工阶段,安装人员应紧密配合土建进度,按照设计图纸进行前期的预留预埋工作,土建人员要配合安装人员作好隐蔽的预留预埋产品保护,提供准确的测量放线基准。在主体施工阶段,土建砌筑抹灰应按设计图纸预留安装孔洞、槽,并采取在管槽面加设钢丝的防裂缝措施。为保证相互间创造工作面,安装、设备的锚固铁件、连接吊杆等应按土建的要求进度提前插入。

(2)装饰装修阶段,土建单位每月安排总控制计划,各单位按总计划编制配套作业计划,定期检查计划执行情况,并严格统一签字认可程序。由于装饰装修施工立体交叉作业,所以除计划控制外采取立体工作量、校定表方式,跟踪监督。使各专业单位有一个统一的施工程序和控制程序。

(3)室外总平、安装调试、竣工收尾阶段,以工作项目内容为基准,采取划分控制点的方式确保后期工作不松懈,工期有保证。同时,为保证顺利竣工,各专业分包单位必须及时提供交工资料,交由总包审核,由现场协调小组统一指挥、监督。

(4)以统一的技术管理手段及配合措施,强化各专业单位的技术管理及配合意识。

①土建单位及时将有关分项质量控制计划交现场协调小组签发,各专业单位共同执行此计划,确保分项工程质量有计划可循。

②土建、安装、二装及各专业单位共同核定图纸,相互对照,将工序矛盾问题消灭在施工图纸阶段。防止返工损失造成工期延误或造成无法恢复的质量隐患。

③加强装饰装修的二次设计工作,确保实现该工程的使用功能和观感功能及整体效果。

④执行统一技术交底制度和规范标准验收制度,加强装饰装修、安装的细部配合处理,特别是卫生间、门窗边框,不同装饰材料的交界面等处理要仔细,统一协商,按程序进行。

⑤土建单位应将标高水平控制基准线和墙体位置控制线,轴线控制线弹在墙或柱上,明确水平标高线高度,明确墙体及安装位置平面,明确定位测量基准,由土建测量工长统一核定,技术负责人批准。

采取统一资金控制手段和奖惩手段,协调、监督、控制施工各单位的协调配合及工作完成进度、质量状况。经济手段是最根本、最现实、最有力的手段,其他手段、措施的落脚点在于经济手段与技术手段的有效运用。

(1)土建、安装、二装等专业单位当月完成量应统一交现场协调小组审核,最后交建设单位校准批示,作为拨付进度款的依据。

(2)根据工作完成计划,检查各专业单位是否按总进度计划要求及总控制质量计划要求完成统一规划工作面上的工作内容,并在拨进度款时按一定比例于下月补拨,作为下月工作计划完成的保证措施。

(3)对完成工作较好,质量、进度保证,与其他作业队伍配合较好的作业单位,给予一定奖励,对于完成较差的单位给予一定惩罚,对特别差的单位采取强制手段或作为合同违约并与合同配套执行。

(4)在物质奖励的同时,现场建立评比专栏,公布各单位质量、进度、配合评比打分情况,开展作业竞赛活动,此方法是相当行之有效的。

三、土建与电梯安装项目的配合

本工程共设置的电梯共 12 台。安装配合工作由总包单位代甲方完成,前期准备和后期配合安装如下:

(1)结构施工阶段,电梯公司一般未进场,土建单位代为电梯公司进行电梯井道的预留孔洞工作,机房吊钩的埋设工作,严格控制井道垂直度和井道墙面平整度,地坎面边梁必须层层上下通线。安装单位代为预埋井道,检修照明管线。

(2)电梯安装前,由电梯公司牵头,土建及监理参加,完成井道测量工作,对合格部位办理工作面交接手续,对个别超差点土建单位负责整改。

(3)土建单位负责按电梯公司要求完善机房设施,安装单位负责解决机房动力电源、排风及对重防护网的制作安装。

(4)土建单位有偿负责为电梯公司搭设井道灯笼架,剪除安全防护钢筋网,完毕后交电梯公司进行封闭施工。

(5)电梯公司在安全、进度上服从总包单位的统一管理。

四、交叉作业保护措施

(1)搞好土建与装饰、安装工程的协调配合,科学地安排工序,尽量减少干扰,并根据工程的特点,作好交叉作业的保护,对水电施工做好预留、预埋工作,限制其剔凿孔洞。

(2)做好不同工程的交接管理,在工序交接时由土建与装饰、安装负责人进行检查,记录备案。

(3)对当天施工的管口,下班时应及时采取封闭措施,防止杂物进入。

(4)土建收尾阶段每四层派一专人管理,负责已完成产品的保护工作和门锁的保管。

五、土建和设备安装的配合

工程中自始至终均应协调土建与强弱电等其他特殊设备安装的交叉配合问题,稍有不慎,极有可能因配合不默契,造成不必要的损失。因此,一方面土建单位要提前通知各安装人员下一步的施工计划,以便安装人员尽快安排有关预留预埋等配合工作,以保证工程施工顺序进行。为此,在每月底,公司项目部将编制下月施工计划并报送各有关单位,使大家都心中有数,若有调整,也应在最短的时间内通知有关单位。具体措施如下:

(1)每周定时参加由监理主持召开的工作例会,各建设单位、监理单位、设计单位和有关专业队伍参加。会议内容当天整理成简报,各单位签署后印发,以便据此检查、落实。

(2)严格实行限时解决问题的工作制度,减少人为因素造成工期延误。尽量采用书面文字进行工作联络,杜绝扯皮、推诿的现象。

(3)公司将事先向业主发送有关设备进场安装时间的进度计划,并根据进度给安装人员留施工面,提供强弱电垂直运输等便利措施,以确保设备准确按时就位。

(4)在装饰施工阶段,为了保证工程进度,提前做好基层面的检查验收工作。同时协调安装人员提前搞好水电系统配管工作,为装饰工程提供施工面。

附件一　某住宅楼施工项目工程概况

江南别院住宅工程位于江南市江南区,东邻江北大道,北靠2 000亩的江南市政公园,西面是40m宽的规划道路,是目前该区范围内屈指可数的高档舍区之一。

一、工程概况

1. 基本情况(附表1-1)

项目基本情况表　　　　　　　　　　　　附表1-1

建 设 单 位	江南市江南房地产开发公司	工 期	600 天
设 计 单 位	江南市建筑设计研究院	质量	优良
项目名称	江南别院住宅工程	层数	22 + 1 层
工程地址	江南市江南区江北大道21号	建筑物高度	69.0m
建筑物面积	168 080m²		

2. 建筑概况(附表1-2)

项目建筑概况表　　　　　　　　　　　　附表1-2

1	建筑面积	168 080m²	
2	标高	建筑物相对标高 ±0.000,相当于绝对标高512.10m	
3	层数	1、2号楼地上22 + 1层;3号楼地下1层;地上22 + 1层	
4	建筑总高	69.0m	
5	层高	2.9m	
6	使用功能	3号楼地下一层为车库、设备用房;1、2、3号楼一层部分为物管用房、商业用房;其余为住宅	
7	垂直交通	1、2、3号楼各6部电梯、3部消防楼梯	
8	外墙	抹灰:聚丙烯工程纤维防裂砂浆;高级面砖饰面	
9	内墙	水泥混合砂浆刷乳白色乳胶漆顶棚及厨卫间瓷砖墙群到顶	
10	天 棚	水泥混合砂浆刷乳白色乳胶漆顶棚	
11	楼 地 面	楼梯厅前室为地砖地面,其余为水泥砂浆地面	
12	屋面	保温隔热上人屋面(屋顶花园): (1)防滑地面砖面层 (2)10mm 厚 1:2 水泥砂浆结合层 (3)40mm 厚 C20 细石混凝土加4% 防水剂内配 φ4@200 钢筋网 (4)刷沥青玛帝脂一道 (5)SBS 改性沥青卷材 3mm 厚,同材性胶黏剂二道 (6)刷同材性胶黏剂一道 (7)25mm 厚 1:3 水泥砂浆找平层	保温隔热(非)上人屋面: (1)20mm 厚 1:2.5 水泥砂浆保护层,分格缝间距≤1.0mm (2)丙烯酸脂高分子防水涂料,厚度 1.5mm (3)刷同材性底胶漆一道 (4)刷沥青玛帝脂一道 (5)SBS 改性沥青卷材 3mm 厚,同材性胶黏剂二道 (6)刷同材性胶黏剂一道 (7)25mm 厚 1:3 水泥砂浆找平层

12	屋面	（8）60mm 厚憎水珍珠岩保温板 （9）20mm 厚 1:3 水泥砂浆找平层 （10）1:6 水泥炉渣找坡层，最薄处 30mm （11）隔气层乳化沥青两遍 （12）15mm 厚 1:3 水泥砂浆找平层 （13）结构层 不上人屋面（非保温）： （1）20mm 厚 1:2.5 水泥砂浆保护层，分格缝间距≤1.0mm （2）丙烯酸脂高分子防水涂料，厚度1.5mm （3）刷同材性底胶漆一道 （4）刷沥青玛帝脂一道 （5）SBS 改性沥青卷材 3mm 厚，同材性胶黏剂二道 （6）刷同材性胶黏剂一道 （7）20mm 厚 1:3 水泥砂浆找平层 （8）水泥炉渣找坡层，最薄处 30mm （9）隔气层乳化沥青两遍 （10）15mm 厚 1:3 水泥砂浆找平层 （11）结构层	（8）60mm 厚憎水珍珠岩保温板 （9）20mm 厚 1:3 水泥砂浆找平层 （10）1:6 水泥炉渣找坡层，最薄处 30mm （11）隔气层乳化沥青两遍 （12）15mm 厚 1:3 水泥砂浆找平层 （13）结构层 阳台屋面做法： （1）20mm 厚 1:2.5 水泥砂浆保护层，分格缝间距≤1.0mm （2）SBS 改性沥青卷材 3mm 厚，同材性胶黏剂二道 （3）刷同材性底胶漆一道 （4）25mm 厚 1:3 水泥砂浆找平层 （5）1:6 水泥炉渣找坡层，最薄处 30mm （6）结构层 露台屋面做法： （1）防滑地面砖面层 （2）10mm 厚 1:2.5 水泥砂浆结合层 （3）20mm 厚 1:3 水泥砂浆保护层 （4）SBS 改性沥青卷材 3mm 厚，同材性胶黏剂二道 （5）刷同材性胶黏剂一道 （6）水泥砂浆找坡层 （7）25mm 厚 1:3 水泥砂浆找平层 （8）结构层	
13	墙体	填充墙采用 200mm 厚页岩空心砖；±0.000 以下采用页岩实心砌块墙；分户墙及楼梯间内墙采用页岩多孔砖		
14	门窗	外门窗：采用白色塑钢中空玻璃门窗；　　内门：夹板木门　　防火门：钢质防火门		

3.结构概况（附表1-3）

项目结构概况表　　　　　　　　附表1-3

1	结构类型	现浇钢筋混凝土剪力墙结构
2	基础	1、2 号楼为先张法预应力高强度混凝土管桩及独立基础；3 号楼为 350mm，局部 1500mm 厚筏板基础
3	基础与持力层	独立基础承载力特征值 $f_{ak}=160$kPa；单桩承载承载力设计值 $R=1\,400$kN；持力层为稍密卵石层，地基承载力为 340kPa
4	柱截面	300mm×400~600mm；200mm×400~1700mm
5	板厚	楼板：120mm，130mm，150mm
6	梁断面	200mm×350~1100 mm
7	剪力墙厚	200mm
8	混凝土强度等级	1、2 号楼柱、墙：14.35m 标高以下 C35；14.35m 标高以上 C30；梁、板：-0.65~67.95m C30；3 号楼地下室墙、柱混凝土 C35，地下室顶板、梁板混凝土 C40，抗水板、筏板、基础混凝土 C30，垫层 C15，地下室混凝土抗渗等级为 S6，±0.00 以上混凝土强度等级同 1、2 号楼 楼梯及其他结构构件：C30 构造柱、圈梁等构造构件：C20
9	钢筋	HPB235、HRB335、HRB400、CRB550
10	安全等级	二级
11	抗震等级	三级
12	耐火等级	二级

二、工程施工环境及地质气候条件

1. 现场地形条件

该工程位于江南市江南区江北大道,交通方便,拟建场地为旧房拆除区,部分地面堆积建渣,地势略有起伏,四周开阔,交通较为便捷,已初具三通一平条件。

2. 地貌、地下水情况

(1)场地工程地质条件。

①地形地貌。

场地位于江南市江南区江北大道,环境优美,视野开阔,交通方便。场地地貌单元属江南平原北江水系一级阶地。勘察期间测得场地地面高程 510.45~512.82m,高差 2.37m,平均高程 532.30m,地形起伏较大,呈北低南高之势。

②场地区域地质构造特征。

该区域处于华夏系龙门山构造带和新华夏系龙泉山构造带之间的江南坳陷中部西侧,为一稳定核块,东侧距龙泉山褶断带约 40km,西侧距龙门山褶断带约 30km,区内断裂构造和地震活动较微弱,历史上从未发生过强烈地震,从地壳稳定性来看应属稳定区。

(2)场地水文地质条件。

场地地下水主要为赋存于第四系砂、卵石层中的孔隙潜水,其补给源为大气降水、区域地下水。砂、卵石层为主要含水层,具较强的渗透性,根据地区经验其渗透系数约为 22m/天左右。勘察期间测得孔隙潜水水位为 4.40~6.10m,相应高程为 506.54~505.74m,变化幅度为 1.50~2.00m。勘察期间为丰水期。

3. 气象水文条件

(1)气温:多年平均气温 16.2℃,极端最高气温 38.3℃,极端最低气温 -5.9℃;

(2)降水量:多年平均降水量 947.00mm,最大日降水量 195.2mm;

(3)蒸发量:多年平均蒸发量 1020.5mm;

(4)相对湿度:多年平均为 82%;

(5)日照时间:多年平均为 1228.3 小时;

(6)风向与风速:主导风向为 NNE 向,多年平均风速为 1.35m/s;

(7)最大风速为 14.8 m/s(NE 向),极大风速为 27.4 m/s(1961 年 6 月 21 日);

(8)年平均风压约 140Pa,最大风压约 250 Pa。

三、工程特点

(1)设计超前,立面丰富,占地面积大,使用单元集度高,单层面积大,质量要求高,施工中须重点做好轴线标高控制工作。

(2)该工程结构施工阶段,作业面积大,多专业多工种混合施工,因此在施工中必须抓好现场协调管理工作,并做好施工流水组织工作。

(3)地下室施工为深基坑作业,基坑边坡稳定是保证地下室施工安全的重要环节,因此在施工工程中,总包单位务必控制护壁质量,以确保地下室施工安全。

(4)底板为大体积混凝土,根据结构特点及施工条件,制定大体积混凝土浇筑、测温、监控、养护和应急措施,确保大体积混凝土的施工质量。

(5)由于 ±0.000 层退进幅度大,故需将塔机安装在筏板上,须做好塔机锚脚定位安装工作。

（6）由于工作幅面大，施工中除机械的有效运输外，还需人工辅助水平运输。

（7）主体施工为高空作业，临边洞口及周边防护是施工安全的重要环节，因此在施工过程中，总包单位务必严格要求作业人员的"三保"防护工作，以确保主体施工安全。

（8）工程属高层建筑，做好轴线的控制和传递工作。

（9）施工期跨年度施工夏季及冬季，施工前编制冬雨季施工措施，以保证工程质量、进度、安全。

（10）本工程包含安装项目较多，箱、盒、线管预留预埋工作较多。施工中项目部必须组织好两者之间的配合搭接施工，协助做好预留预埋工作。

（11）混凝土等级在同一标高段不相同时，在施工分段上应注意区分，同时在浇筑混凝土时应严格区分混凝土等级，防止混淆。

附件二 本工程拟采用的主要标准

1. 工程测量规范（GB 50026—2007）
2. 建筑地基基础工程施工质量验收规范（GB 50202—2002）
3. 工程建设施工现场焊接目视检验标准（CECS 71—94）
4. 混凝土结构工程施工质量验收规范（GB 50204—2002）
5. 建筑工程大模板技术规程（JGJ 74—2003）
6. 建筑地基处理技术规范（JGJ 79—2002）
7. 建筑基坑支护技术规程（JGJ 120—99）
8. 建筑地面工程施工质量验收规范（GB 50209—2002）
9. 建设工程监理规范（GB 50319—2000）
10. 屋面工程质量验收规范（GB 50207—2002）
11. 混凝土质量控制标准（GB 50164—92）
12. 建筑装饰装修工程质量验收规范（GB 50210—2001）
13. 组合钢模板技术规范（GB 50214—2001）
14. 建筑桩基技术规范（JGJ 94—2008；）
15. 四川省地方标准建筑安装工程施工工艺及操作规程（P/5100P101001—88）
16. 建筑工程施工质量验收统一标准（GB 50300—2001）
17. 建筑工程冬期施工规程（JGJ 104—97）
18. 砌体工程施工质量验收规范（GB 50203—2002）
19. 砌筑砂浆配合比设计规程（JGJ/T 98—2000 J 65—2000）
20. 普通混凝土配合比设计规程（JGJ 55—2000 J 64—2000）
21. 粉煤灰混凝土应用技术规范（GBJ 146—90）
22. 钢筋焊接及验收规程（JGJ 18—2003）
23. 施工现场临时用电安全技术规范（JGJ 46—2005）
24. 混凝土外加剂应用技术规范（GB 50119—2003）
25. 建筑机械使用安全技术规程（JGJ 33—2001）
26. 建筑施工安全检查标准（JGJ 59—99）
27. 混凝土强度检验评定标准（GBJ 107—87）
28. 混凝土泵送施工技术规程（JGJ/T 10—95）
29. 危险化学品安全管理条例（国务院，2002）
30. 西南 G701（一）（框架轻质填充墙构造图集）
31. 建筑施工扣件式钢管脚手架安全技术规范（JGJ 130—2001）
32. 质量管理体系要求（GB/T 19001—2008）
33. 建筑施工高处作业安全技术规范（JGJ 80—91）
34. 钢筋混凝土用热轧光圆钢筋（GB 13013—1991）

35. 冷轧带肋钢筋(GB 13788—2000)

36. 成都地区住宅建筑节能暂行规定(试行)

37. 建筑工程饰面砖粘结强度检验标准(JGJ 110—2008)

38. 外墙饰面砖工程施工及验收规程(JGJ 126—2000)

39. 建筑变形测量规范(JGJ 8—2007)

40. 建设工程项目管理规范(GB/T 50326—2006)

41. 工程网络计划技术规程(JGJ/T 121—99)

42. 建设工程文件归档整理规范(GB/T 50328—2001)

43. 冷轧带肋钢筋混凝土结构技术规程(JGJ 95—2003)

44. 冷轧扭钢筋混凝土构件技术规程(JGJ 115—2006)

45. 建筑施工现场环境与卫生标准(JGJ 146—2004)

46. 夏热冬冷地区居住建筑节能设计标准(JGJ 134—2010)

47. 四川省夏热冬冷地区居住建筑节能设计标准(DB 51/5027—2002)

48. 环境管理体系、规范及使用指南(GB/T 24001—2004)

49. 中华人民共和国水法

50. 中华人民共和国水土保持法

51. 中华人民共和国水污染防治法

52. 中华人民共和国环境保护法

53. 中华人民共和国传染病防治法

54. 中华人民共和国固体废物污染环境防治法

55. 中华人民共和国环境噪声污染防治法

56. 中华人民共和国节约能源法

57. 中华人民共和国消防法

58. 建筑施工场界噪声限值(GB 12523—1996)

59. 污水综合排放标准(GB 8978—2001)

60. 使用有毒物品作业场所劳动保护条例(国务院,2002)

61. 粉尘危害分级监察规定(劳动部,1991)

62. 外墙外保温建筑构造(06J121—3)

63. 先张法预应力混凝土管桩基础(DBJT 20—50)

附件三　建筑物每一楼层水平施工段内主体结构的施工顺序

轴线放测、高程传递→校正剪力墙竖筋、搭设操作架→绑扎框架柱、剪力墙（含暗柱）钢筋（安装预留预埋）→框架柱、剪力墙支模（垂直度控制及校正）→浇筑框架柱、剪力墙→轴线、层高复核→梁、板底模支设→梁钢筋板底钢筋绑扎→安装预留预埋→梁侧模安装、校模补洞→绑扎板面负筋→浇筑梁板混凝土→养护。见附图 3-1。

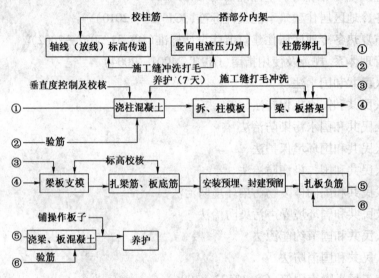

附图 3-1　主体工程施工工艺流程框图

附件四 施工组织总体安排

根据招标文件要求,整个工程工期540天。为合理安排工程施工,减少人力、物力资源投入大起大落,为此,施工组织总体做如下安排:

(1)土方开挖至1.0~1.5m深时,开始做喷锚护壁,土方及喷锚护壁均按施工段的划分流水施工。避免人员、机具的窝工。

(2)待第一施工段土方挖至设计标高时,即进行1、2号楼钢筋混凝土管桩的试桩与桩基施工。独立基础与钢筋混凝土管桩交叉施工。

(3)3号楼的筏板基础与1、2号楼的管桩基础同时平行施工。

(4)地下室结构施工完毕外墙拆模后,请相关部门进行外墙验收,然后进行外墙防水和护毡墙施工,以便尽早地回填基坑周边的回填土,后浇带部位采取一定措施预留,使回填后的场地可利用。

(5)地下室结构施工完毕28天后,即进行地下室结构验收并插入地下室的砌体及抹灰工程以及设备安装工程的施工。

(6)待主体结构施工至10层后,即进行主体砖砌体及抹灰工程的插入施工。

(7)屋面工程与外墙装饰工程待主体结构完毕后同时施工。

(8)外墙装饰从上至下,施工至18层即插入门窗框的安装,门窗框安装进度随外墙装饰进度而进行。

(9)待门窗框安装后即进行地坪、楼梯施工。

(10)地坪、楼梯施工完毕后,进行门窗扇的安装以及门窗边补烂工作。

(11)工程清扫及交工。

(12)结构施工阶段安装工程随土建施工进度配合预留、预埋。

(13)降水采用现场明排水。

(14)本工程钢筋加工在现场加工,由于本工程的钢筋体量大,因此现场设两个钢筋加工房,以保证计划的正常进行。

(15)混凝土采用商品混凝土,由商品混凝土站用罐车将混凝土运至现场,然后用泵车泵送至浇筑地点。

(16)地下室结构采用钢模板,主体结构采用大模板施工。

(17)外架采用导座同步式升降脚手架,内架采用$\phi48\times3.5$的钢管满堂脚手架。

附件五　材料及工程质量控制表

材料现场抽样计划表　　　　　　　　　　　　　　　　　附表 5-1

材料(试件)名称	抽样部位	检测方法和数量		执行标准或规范	抽样时间
		实验抽样	不作复验的材料检测		
水泥(袋)	基础、主体、装饰	≤200 t/批		GB/T 175—1999	进场后
水泥(散)	基础、主体、装饰	≤500t/批		GB/T 175—1999	进场后
砂	基础、主体、装饰	≤400m³/批		JGJ 52—92	进场后
石	基础、主体、装饰	≤400m³/批		JGJ 53—92	进场后
普通混凝土	基础、主体	每台班或 ≤100m³/组		GBJ 81—85、 GB 50204—92	每台班
防水混凝土	橱卫间、屋面	每台班或 ≤250m³/组		GBJ 82—85	每台班
混凝土 配合比	基础、主体结构	不同标号	测定沙石含水率 调整配合比	JGJ/T 55—96	混凝土 施工前
砌筑砂浆	砌体、抹灰	每层楼或 ≤250m³ 砌体		JGJ 70—90	施工前
热扎钢筋	基础、主体结构	≤60t/批		GB 13013—1991 GB 1499—1998	进场后
冷扎带 肋钢筋	主体、装饰	≤10t/批		JG 3046—1998	进场后
闪光对焊	梁、墙、柱	≤300/批		JGJ 27—86 JGJ 18—96	钢筋制作
电渣压力焊	墙、柱	≤300/批		JGJ 27—86 JGJ 18—96	隐蔽前
窄间隙焊	梁	≤300/批		GBJ 20-5—90 DB 51/5009—94	隐蔽前
预埋件接头	梁、墙、柱	≤300/批		JGJ 18—96	隐蔽前

钢筋工程质量控制表　　　　　　　　　　　　　　　　　附表 5-2

序号	控制重点	影响重量因素	采取技术、管理措施
1	钢筋电渣 压力焊接	偏心、咬边未溶合， 焊包不均匀	1. 钢筋端部在焊前矫直,上下钢筋对正,夹具固定牢固,顶压力适当,夹具应及时检查修理。 2. 选择适当的熔接参数,宜适当调小焊接电流,适当延长通电时间。 3. 加强钢筋向下顶压速度,焊前检查夹具固定情况,使上钢筋均匀下送,钢筋顶端切平,铅丝比圈放置正中,适当延长焊接时间。

序号	控制重点	影响重量因素	采取技术、管理措施
2	成型尺寸	钢筋下料长度不准确、加工时未考虑弯曲处曲率半径	1. 钢筋放样时,预先计算各种形状钢筋下料长度调整值。 2. 对每一型号钢筋先下料试制,对大样下料长度进行调整。 3. 通过试制钢筋,确定并在操作台上标定各点的起始控制位置,弯制时严格按标定位置摆放钢筋。 4. 钢筋严格按实际调整的长度下料,误差不超过允许规定。
3	骨架绑扎质量	骨架尺寸不准确,松散。主筋、箍筋位置不正确	1. 绑扎时应牢固、不漏绑扎点,梁、柱筋开口部位应交错部位布置。 2. 主筋在绑扎前应先定好,与其他梁和柱筋的并错方法,绑扎时按施工顺序进行。 3. 箍筋位置应用尺量,并在主筋上用粉笔标注。 4. 筏板上、下层钢筋间设钢筋支撑,保证其钢筋的正确位置。
4	混凝土保护层	保护层厚度超厚或过薄	1. 负筋垫铁(板凳铁)按方案要求摆设且绑扎牢固。 2. 混凝土浇筑时,钢筋工随时调整钢筋位置。

混凝土工程质量控制表 附表 5-3

序号	控制重点	影响质量因素	采取技术、管理措施
1	混凝土内外质量	孔洞	因墙断面尺寸小、厚度薄,节点处钢筋排列密集,下料时分层浇筑振捣
		露筋	钢筋保护层设置足够的垫块,墙、柱、梁侧必须用埋有扎丝的垫块绑扎牢固。
		麻面、蜂窝	1. 模板拼缝严密,变形的模板应修理合格后再用。浇水湿润,清理干净。 2. 混凝土配制成分正确。搅拌均匀,和易性好。 3. 掌握好拆模时间,避免过早拆除,破坏表面。
		施工缝夹渣及呈现缝隙	1. 施工缝处表面杂物清理干净。 2. 施工缝处,已浇好混凝土表面的水泥膜、松动石子应清除,并冲洗干净,充分润湿后再浇混凝土。 3. 浇混凝土前,先浇 50~100mm 厚的与混凝土内成分相同的砂浆。
2	混凝土强度和施工性能	强度等级	1. 严格按配合比进行计量配制。 2. 水泥使用峨嵋或江油大厂水泥,并抽样试验合格后才用。出厂超过 3 个月和受潮的水泥不能使用。 3. 砂、石级配合理,含泥量少于规范要求的 3% 和 1%。 4. 砂搅拌充分,外加剂掺量准确计量。
		混凝土坍落度及和易性	1. 严格计量各种材料,特别加强水的计量。 2. 严格控制搅拌时间,最少不小于 60s。 3. 混凝土现制现用,搅拌后放置时间过长,则应进行二次搅拌。
3	混凝土构件几何尺寸	断面尺寸不准确,变形胀大	1. 剪力墙采用组合钢模,用对拉片控制断面尺寸,防止胀模。 2. 梁采用新型宽钢模做侧模,使模具有足够刚度。 3. 支撑模板的钢管架搭设牢固,间距符合要求,扣件拧紧。

序号	控制重点	影响质量因素	采取技术、管理措施
1	灰缝饱满度	水平、竖直方向灰缝不密实	1. 砌筑过程应将砂浆均匀、足量摊铺。 2. 立缝应在砌筑过程中每隔一定高度灌一次浆。
2	墙面平整度、垂直度	平整度和垂直度超过规范要求	砌筑时应挂线控制墙面的平整度，并随时用靠尺对垂直度和平整度进行检查，如偏差超过规范要求，应及时修正。
3	轴线位置	墙的位置不准确	砌筑前应认真熟悉消化施工图纸，并放出墙的中心线和一面边线。
4	砌体与混凝土结构交接部位	竖向出现通缝	将砌体与混凝土墙柱交接处留 100mm 空隙，并将砌体留设为马牙槎，待砌筑完成后在此处灌注素混凝土带。
		砌体顶部与混凝土交接处不密实	砌体顶部采用黏土标砖滚砌，角度控制在 60° 左右，砖缝用砂浆填补密实，滚砌应在下部砌体完成一周后进行。
		拉接筋、构造柱筋设置是否正确	本工程砌体拉接筋、构造柱均采用植筋方式，砌筑前应仔细检查植筋位置、组数是否正确。

序号	控制重点	影响质量因素	采取技术、管理措施
1	墙面抹灰黏结质量	空鼓、开裂	1. 墙面清理干净，加气混凝土墙用 1:3 水泥砂浆补缝，混凝土结构表面凹凸部位补平剔平。 2. 墙面在抹灰的前一天浇水湿润充分。抹灰前先刷掺 20% 802 胶的水泥浆，然后随即抹灰，抹灰分 3 遍成活。面层在两种基层交接处开裂。 3. 混凝土结构和加气砌块交接处加挂 300mm 宽的 9×25 的钢板网。 4. 严格控制砂浆配合比，按重量比配制保证砂浆的和易性、黏结力。
2	轮廓外观	阴、阳角不方正、不垂直	1. 按规程要求弹控制线，挂线找垂直和贴拼、冲筋，冲筋宽度 5cm 左右，阴、阳角的两侧墙均应冲筋一道。 2. 抹阳角随时用方尺检查方正，不方正的及时修正。抹阴角应用专用阴角抹子上下抹压几遍，直到阴角线顺直。
3	细部处理	挑檐、窗套、窗台水平高度不一，垂直方向左右偏差	1. 砌体和结构施工控制水平和垂直位置基本一致。 2. 安装门框前，从上到下弹出中心线，各层弹出窗台水平线，门窗安装按中心线和水平线进行。 3. 抹灰按中心线和水平线定出各边细部轮廓边线进行控制。
4	天棚抹灰	黏结牢固，抹灰面平整	1. 光滑的混凝土表面，抹灰前用新型基层处理剂，然后再进行抹灰。 2. 天棚抹灰平整度控制，应在四周墙面距板底 500mm 处弹水平线控制，抹灰操作时，用铝合金靠尺检查平整状况。

序号	控制重点	影响质量因素	采取技术、管理措施
1	马赛克、面砖外观	排砖方式不合理，套割不美观，缝不均匀，不顺直	1. 马赛克黏贴前进行设计排版，并贴样墙。黏贴前找好规矩，拉线排砖。排砖应从阳角处开排，阳角应排整砖，在阴角切砖，并不宜出现窄条砖，计算好平均切割 2～3 块砖来消除贴窄条子的现象。 2. 水平缝必须各面墙均在同一水平，不能上下错开。竖缝上下不能错缝。 3. 对内墙瓷砖进行规格色差挑选，分类堆放，同类马赛克用在同一房间内，变形、翘曲、缺损和面层有杂质的马赛克严禁使用。 4. 黏贴时弹出水平和竖直控制线，并拉线控制操作。
2	马赛克黏贴牢固	黏贴不牢、空鼓	1. 黏贴前干燥的面层当洒水润湿，马赛克面砖使用前清理干净。 2. 黏结层的砂浆厚度一般应控制在 7～10mm 范围，过厚和过薄均易产生空鼓。 3. 采用掺 108 胶的水泥砂浆做黏结层，黏贴时用手压实，并用橡皮锤均匀轻轻敲击，使其与底层黏结牢固。
3	马赛克裂缝和污染控制	马赛克质量不好、勾缝清扫不干净、清洗不干净	1. 应选择质地坚固、密实的材料，其性能指标应符合现行国家标准规定，含水率不得大于 10% 的优质产品。 2. 黏贴时不得将已损坏出现暗痕和裂纹的砖黏贴上墙。 3. 黏贴前砖浸水泡透，操作时不要过分用力敲击砖面，黏贴中随时将砖面上的砂浆擦洗干净。 4. 黏贴补缝完毕后，认真将污染在马赛克上的水泥浆擦洗干净。

序号	控制重点	影响质量因素	采取技术、管理措施
1	铝合金门窗	铝合金成品质量，安装质量，开启使用功能	1. 安装前检查每樘的几何尺寸，外观质量。搬运时注意成品保护，施工时合理安排工序，避免污染和破坏。 2. 安装时，应先临时固定，校正无误后，才可用膨胀螺栓固定框位置，固定铁件应牢固，固定点符合规范要求。 3. 把好材料关，选拔符合国家标准的产品，制作时保证框扇尺寸正确，框扇尺寸配套合格。

序号	控制重点	影响质量因素	采取技术、管理措施
1	屋面坡度	坡度不正确	坡度层施工前，应按水落口位置弹出分水和汇水线。按坡度设置各点找坡层铺设高度的控制标疤。
2	泛水细部防水效果	泛水细部做法不合乎要求	1. 找平层在突出屋面结构连接处，女儿墙的阳角均应作圆弧形式。 2. 女儿墙上按规范要求高度和形状留设卷材收头的凹槽。 3. 防水层施工完后，女儿墙上抹灰保护，并在墙脚处用细石混凝土抹成 $R=150$ 的圆弧，对防水层收头起到保护作用。
3	防水胶料	材料质量及涂刷质量	1. 选择符合国家标准的材料，其耐热度和柔韧性、黏结力必须符合要求。 2. 找平层必须平整、清洁、干燥，无空鼓现象。 3. 黏结材料涂刷均匀，防水层涂刷认真，厚度符合设计要求。 4. 雨天、大雾、大风的天气不能施工。
4	屋面现浇层	平整、留缝均匀	1. 混凝土浇注密实，按规范设缝均匀。 2. 嵌缝一致、整齐。

附件六　土建及分包单位拟在施工过程中
编制的专项方案目录

1. 筏板大体积混凝土施工组织设计
2. 施工临时用电施工组织设计
3. 模板支撑设计及计算书
4. 外脚手架施工组织设计
5. 塔式起重机安装技术方案
6. 塔式起重机拆除技术方案
7. 焊接专项方案
8. 材料检验试验计划
9. 厨卫间防水施工方案
10. 外墙保温施工方案
11. 施工应急预案
12. 文明施工方案
13. 外墙马赛克黏贴方案
14. 抹灰方案

参 考 文 献

[1] 工程测量规范(GB 50026—2007).北京:中国建筑工业出版社,2008
[2] 建筑地基基础工程施工质量验收规范(GB 50202—2002).北京:中国计划出版社,2002
[3] 建筑工程大模板技术规程(JGJ 74—2003).北京:中国建筑工业出版社,2003
[4] 建筑基坑支护技术规程(JGJ 120—99).北京:中国建筑工业出版社,1999
[5] 建筑地面工程施工质量验收规范(GB 50209—2002).北京:中国计划出版社,2002
[6] 屋面工程质量验收规范(GB 50207—2002).北京:中国建筑工业出版社,2002
[7] 混凝土质量控制标准(GB 50164—92).北京:中国建筑工业出版社,1992
[8] 组合钢模板技术规范(GB 50214—2001).北京:中国计划出版社,2001
[9] 建筑工程施工质量验收统一标准(GB 50300—2001).北京:中国建筑工业出版社,2001
[10] 钢筋焊接及验收规程(JGJ 18—2003).北京:中国建筑工业出版社,2003
[11] 建筑施工安全检查标准(JGJ 59—99).北京:中国建筑工业出版社,1999
[12] 混凝土泵送施工技术规程(JGJ/T 10—95).北京:中国建筑工业出版社,1995
[13] 建筑施工扣件式钢管脚手架安全技术规范(JGJ 130—2001).北京:中国建筑工业出版社,2001
[14] 建筑施工高处作业安全技术规范(JGJ 80—91).北京:中国计划出版社,1992
[15] 建筑变形测量规程(JGJ 8—2007).北京:中国建筑工业出版社,2007
[16] 建设工程项目管理规范(GB/T 50326—2006).北京:中国建筑工业出版社,2006